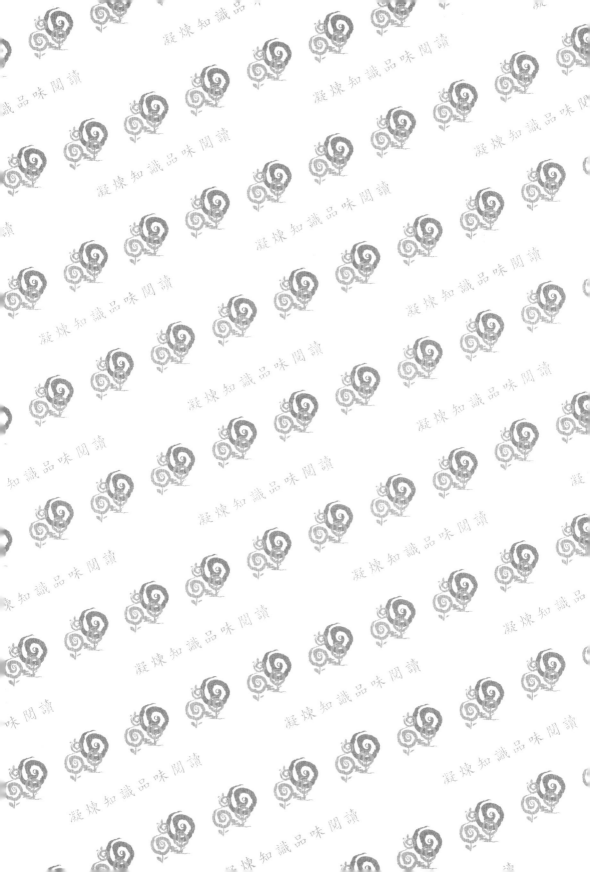

土木普考
一本通

黃偉恩（Wayne Huang）著

五南圖書出版公司 印行

序言

　　各位讀者大家好，這是一本對土木高普考「降維打擊」的參考書，譬如該是一本很厚的「材料力學」在本書中被編為一章，這樣的作法是希望能讓各位突破「量」的心魔。一直以來國家考試被公認是要把大學的重點科目徹頭徹尾考一遍，這樣的量總讓人感到在起點上裹足不前，然而，精華重點編起來也不過就這麼一本，有什麼好怕的？

　　除上述外，本書的成書觀念相當新穎，列舉如下：第一，以普考和高考為界分作二冊，讓您先念完普考後再決定是否要繼續研讀高考；第二，每一頁均附有影片講解的 QR 碼，隨掃隨看，影片由本人錄製剪輯，希望能達到函授效果；第三，在書中第一章和第二章交代必要的數學和物理工具，讓您不會因為數學的問題而妨礙正規課程的進度。

　　本人在 Youtube 上有經營教學頻道，在此特別感謝加入會員的讀者，若沒有你們每日涓滴的贊助，難有今日的成書。

　　最後，普考尚有「土木施工學概要」、高考尚有「營建管理與工程材料」並未包含在本書內容中，請讀者務必注意。

　　祝展書愉快。

目錄

第6章 | 鋼筋混凝土學 *169*

第7章 | 測量學 195

第1章
基本數學

1-1 簡易三角函數

1. 考慮一直角三角形 *ABC* 如圖一所示，設想有一人在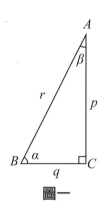
   B 點處望向 *p*，則定義 *p* 爲對邊，*q* 爲鄰邊，*r* 爲斜
   邊，而三角函數有 $\sin\alpha = \dfrac{p}{r}$、$\cos\alpha = \dfrac{q}{r}$、$\tan\alpha = \dfrac{p}{q}$，
   由上可知三角函數意旨爲「在直角三角形之形狀確定
   後，三邊任取兩邊的比值爲定值，不因三角形的放
   大或縮小改變」。

   圖一

2. 三角函數在考試上最常用於求定邊長，考慮圖二已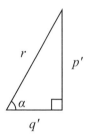
   知 *r* 及 *α*，欲求 *p'*, *q'*，則可列式爲：

   (1) 求 *p'*　　　　　　　　(2) 求 *q'*

   　$\because \sin\alpha = \dfrac{p'}{r}$　　　　$\because \cos\alpha = \dfrac{q'}{r}$

   　$\therefore p' = r \cdot \sin\alpha$　　　　$\therefore q' = r \cdot \cos\alpha$

3. 另外，尚有兩種情況一併列舉如下：　　　　　　圖二

   (1) $r' = \dfrac{p}{\sin\alpha}$；　　　　　　　(2) $r' = \dfrac{q}{\cos\alpha}$

   　$q' = \dfrac{p}{\tan\alpha}$　　　　　　　$p' = q \cdot \tan\alpha$

   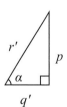　　　　　　　　　　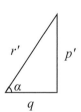

4. 直角三角形，知其一角度及任一邊邊長，必可得另兩邊之邊長。但請
   注意前提爲「直角」三角形，故解題時如何找著適合求解之直角三角
   形，需要一些經驗！

1-2　簡易向量

一、向量本身為數學工具，被定義為一個具有「大小」及「方向」的量，因諸多物理量如力量、速度都具有大小和方向，故亦適合使用向量表示，如此便能以數學作嚴謹的計算。

二、向量的表示法主要有三種：作圖法、向量式法、卡氏座標系法，但本節先介紹前二者，卡氏座標系法留待後節說明。

1. 作圖法：如圖一所示，箭頭表達方向，而箭身長度表達大小，此圖之兩箭頭方向相反，看似好像可以有正負號表示，但作圖法僅能從圖面直觀感覺，甚為不便！

圖一

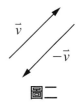

2. 向量式法：類似於圖二，令左上箭頭寫作 $\vec{v}$，則右下箭頭為 $-\vec{v}$，可知方向相反以正負號區別，另外，以符號寫成時，尚可將大小與方向分離，定義為 $\vec{v}=|\vec{v}|\hat{v}$，$|\vec{v}|$ 表大小，$\hat{v}$ 表方向，同理 $-\vec{v}=|\vec{v}|\cdot(-\hat{v})$，可知 $|\vec{v}|$ 既為大小，就應為正值，譬如負 3 牛頓之力量與負 3 公斤重均為無意義，不可理解。

圖二

三、向量在數學上有甚多性質，但與考試有關的綜整如下：

1. 等價移動

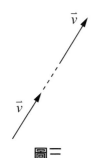

如圖三所示，在同一軸線上移動，向量均視為相同，寫作 $\vec{v}=\vec{v}$。

圖三

2. 組合及分解

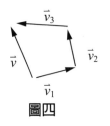

圖四

如圖四所示，自原向量「尾」發出，以子向量頭尾相連，最終指向原向量之「頭」，則原向量與子向量等價可寫作 $\vec{v}=\vec{v}_1+\vec{v}_2+\vec{v}_3$，上式由左向右稱分解，反之稱組合。

3. 迴圈與零向量

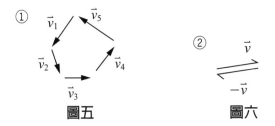

圖五　　　　**圖六**

如圖五所示，一組向量形成迴圈則為零向量，其中特殊情況如圖六，為兩大小相同、方向相反的向量組合，可分別列式如下：

① $0=\vec{v}_1+\vec{v}_2+\vec{v}_3+\vec{v}_4+\vec{v}_5$

② $0=\vec{v}+(-\vec{v})$

1-3　使用二維卡氏座標系描述向量

1. 二維卡氏座標系又稱直角座標系，是以正交的兩軸即 x 軸與 y 軸構成用以描述平面空間的工具，寫作 $\langle x, y \rangle$，亦可寫作 $\langle i, j \rangle$，若以向量觀點了解，可看作有兩向量 i 與 j 彼此夾角為 $90°$，如圖一所示，此時若隨意取長度為 1 的向量，則 $\vec{i} = 1 \cdot |\vec{i}|$，可記作 $\hat{i}$，稱 i 軸上之單位向量，同理亦有 $\hat{j}$，彼此互為正交。

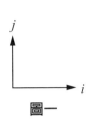

圖一

2. 再設想平面空間中存有一向量 $\vec{v}$ 如圖二所示，此時隨意設入 $\langle i, j \rangle$，則必然可將 $\vec{v}$ 分解為 2 個向量分別平行 i 與 j 軸，應可有圖三所示，依分解律寫成向量式應為 $\vec{v} = \vec{v_i} + \vec{v_j}$，宜注意形成一直角三角形，意即 $\vec{v_i}$ 與 $\vec{v_j}$ 之夾角為 $90°$，此係拜卡氏座標系所賜！

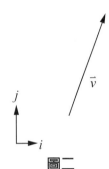

圖二

3. 就如 $\vec{v} = |\vec{v}|\hat{v}$，$\vec{v_i}$ 和 $\vec{v_j}$ 亦可作以下數學處理：

$$\vec{v} = \vec{v_i} + \vec{v_j}$$

$$|\vec{v}|\hat{v} = |\vec{v_i}|\hat{v_i} + |\vec{v_j}|\hat{v_j} \quad\text{——(a)}$$

又 $\because \hat{v_i} = \hat{i}$；$\hat{v_j} = \hat{j}$

故 $\overset{(a)}{\Longrightarrow} |\vec{v_i}|\hat{i} + |\vec{v_j}|\hat{j} \quad\text{——(b)}$

其中 (b) 式亦可寫為 $[|\vec{v_i}|, |\vec{v_j}|]_{\langle i, j\rangle}$，意即：「$\vec{v}$ 向量在卡氏座標系上，i 軸之投影量（長度）為 $|\vec{v_i}|$，j 軸之投影量為 $|\vec{v_j}|$。」

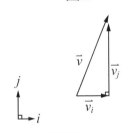

圖三

4. 讀者宜注意 $\langle i, j \rangle$ 為隨意所設，意即同一向量 $\vec{v}$，可用 (b) 式表達的方式有無限多種，設若 $\vec{v}$ 為一物理量，則 $\langle i, j \rangle$ 如何設定均不影響該物理量之作用效果。

1-4 簡易矩陣

一、矩陣如其名，由數字排列為方形，橫稱行、直稱列，本節均以舉例為主，分作以下五種型態：

1. 行向量矩陣：如 $A_{1\times2} = [a_{11}\quad a_{12}]_{1\times2}$：可看作一個向量，由 a_{11} 及 a_{12} 兩元素組成

2. 列向量矩陣：如 $B_{1\times2} = \begin{bmatrix} b_{11} \\ b_{21} \end{bmatrix}_{2\times1}$：同上，由 b_{11} 及 b_{21} 兩元素組成

3. m 行 n 列矩陣：如 $C_{m\times n} = \begin{bmatrix} c_{11} & \cdots & c_{1n} \\ \vdots & & \vdots \\ c_{m1} & \cdots & c_{mn} \end{bmatrix}_{m\times n}$：此為矩陣的一般化

4. 方塊矩陣：如 $D_{2\times2} = \begin{bmatrix} d_{11} & d_{12} \\ d_{21} & d_{22} \end{bmatrix}_{2\times2}$：即 $m = n$ 之情形，此時 d_{11}、d_{22} 稱對角線元素

5. 轉置矩陣：如 $D^T = \begin{bmatrix} d_{11} & d_{21} \\ d_{12} & d_{22} \end{bmatrix}_{2\times2}$：將上開 D 矩陣行改列、列改行，「轉置」可看作運算的一種

二、矩陣的運算

1. 加法及減法：$\begin{bmatrix} 1 & 3 \\ 2 & 4 \end{bmatrix} + \begin{bmatrix} -3 & 5 \\ 4 & -6 \end{bmatrix} = \begin{bmatrix} 1-3 & 3+5 \\ 2+4 & 4-6 \end{bmatrix} = \begin{bmatrix} -2 & 8 \\ 6 & -2 \end{bmatrix}$

2. 純量積：$6 \cdot \begin{bmatrix} 1 & 3 \\ 2 & 4 \end{bmatrix} = \begin{bmatrix} 6\cdot1 & 6\cdot3 \\ 6\cdot2 & 6\cdot4 \end{bmatrix} = \begin{bmatrix} 6 & 18 \\ 12 & 24 \end{bmatrix}$

3. 矩陣相乘：

$$\begin{bmatrix} 1 & 3 \\ 2 & 4 \end{bmatrix}\begin{bmatrix} -3 & 5 \\ 4 & -6 \end{bmatrix} = \begin{bmatrix} 1\cdot(-3)+3\cdot(4) & 1\cdot(5)+3\cdot(-6) \\ 2\cdot(-3)+4\cdot(4) & 2\cdot(5)+4\cdot(-6) \end{bmatrix}$$
$$= \begin{bmatrix} 9 & -13 \\ 10 & -14 \end{bmatrix}$$

上開計算均為基本功，如無法自行運算出答案，請見影片講解。

1-5　二維卡氏座標系的逆時針旋轉作用矩陣

1. 考慮有平面空間並已設有 $\langle x, y \rangle$，其中存在有 2 個單位向量分別爲 [1　0] $_{\langle xy \rangle}$ 和 [0　1] $_{\langle xy \rangle}$ 如圖一所示，現以原點 (0, 0) 爲圓心逆時針方向旋轉 $\langle x, y \rangle$ θ 角度形成 $\langle x', y' \rangle$，則兩單位向量所指向的座標值將從 (1, 0)，(0, 1) 變爲多少？（注意，向量本身並沒有改變大小和方向）

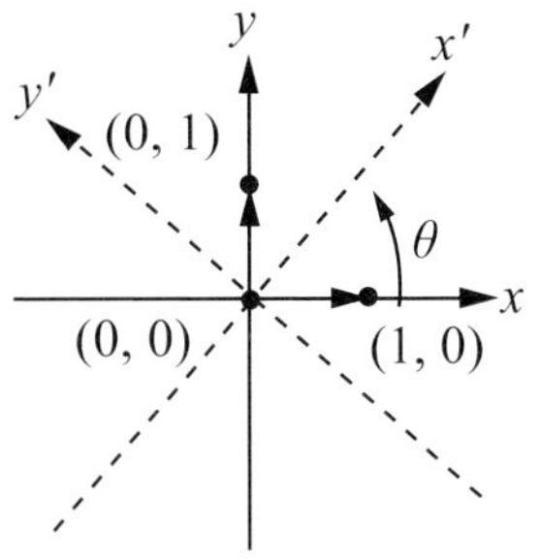

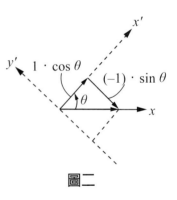

圖一

2. 首先，分析 [1　0] $_{\langle xy \rangle}$ 如圖二，依照向量的分解律可分解爲在 x' 與 y' 上之投影，其值分別爲 $1 \cdot \cos \theta$ 及 $-1 \cdot \sin \theta$（負值表朝向 y' 軸的負向），故可列式 [1　0] $_{\langle xy \rangle}$ = [$\cos \theta, -\sin \theta$] $_{\langle x'y' \rangle}$，同理 [1　0] $_{\langle xy \rangle}$ = [$\sin \theta, \cos \theta$] $_{\langle x'y' \rangle}$，又向量長度可令爲任意長度，並不影響三角函數使用，故可有 [x y] $_{\langle xy \rangle}$ = [$x \cdot \cos \theta + y \cdot \sin \theta$　$-x\sin \theta + y\cos \theta$] $_{\langle x'y' \rangle}$ 意即，在 $\langle xy \rangle$ 上的 (x, y) 座標值，在做如圖一之旋轉後，在 $\langle x'y' \rangle$ 之新座標值爲 $(x \cos \theta + y \sin \theta, -x\sin \theta + y\cos \theta)$

圖二

3. 此 $\langle xy \rangle$ 與 $\langle x'y' \rangle$ 之關係，可用矩陣列式如下：

$$\begin{bmatrix} x' \\ y' \end{bmatrix} = \begin{bmatrix} \cos \theta & \sin \theta \\ -\sin \theta & \cos \theta \end{bmatrix} \begin{bmatrix} x \\ y \end{bmatrix}$$，如將其展開便還原回 $x' = \cos \theta \cdot x + \sin \theta \cdot y$；$y' = -\sin \theta \cdot x + \cos \theta \cdot y$

4. 上式之 $\begin{bmatrix} \cos\theta & \sin\theta \\ -\sin\theta & \cos\theta \end{bmatrix}$ 即逆時針旋轉作用矩陣，在材力、測量均會使用，若旋轉方向改為順時針，則寫為 $\begin{bmatrix} \cos\theta & -\sin\theta \\ \sin\theta & \cos\theta \end{bmatrix}$ 即可。

1-6 角度與弧度的換算

1. 考慮以點 O 為圓心，畫半徑 r 之圓，起始狀態如圖一，此時畫了「一小段」的弧長 Δs，理應也能對應「一點點」的弧度 Δd，數學上可證 $r \cdot \Delta d = \Delta s$。

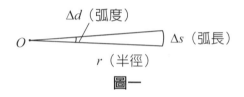

圖一

2. 現繼續完成畫圓至圖二情形，又發現可以用 $r \cdot \int \Delta d = \int \Delta s$ 表示其關係，可再寫為 $r \cdot d = s$，注意 r 和 s 均為長度單位，故 d 應屬無因次（單位為弳），此時若令 $r = s$，則 $d = 1$ 即稱「半徑角」。

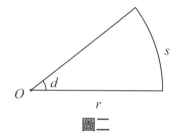

圖二

3. 完成畫圓如圖三，此時 $r \cdot d = s$ 仍應成立，而數學上可證「直徑 $\cdot \pi =$ 圓周長」，可寫為 $2r \cdot \pi = s$，整理為 $r \cdot (2\pi) = s$，故可知 $d = 2\pi$，又因一圓為 $360°$，故 $d = 2\pi = 360°$，如此便知 1 弧度 $= \dfrac{360°}{2\pi} \doteqdot 57°17'45''$。

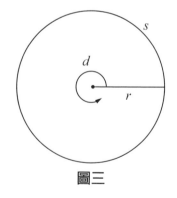

圖三

4. 引用 $2\pi = 360°$ 之關係式，可建立以下常見之弧度與角度轉換表，在三角函數的推導中，習

d(角度)	0	90°	180°	270°	360°
d(弧度)	0	$\frac{1}{2}\pi$	π	$\frac{3}{2}\pi$	2π

慣使用弧度，考題卻常使用角度，故應熟記關係式。最後，因 $r \cdot d = s$ 式使用的是弧度，故若想在半徑和弧長間互相轉換，仍得透過弧度的「中介」才可！

1-7　廣義三角函數

1. 想像有一長度爲 1 的直線在 $\langle xy \rangle$ 上擺置如圖一並且作逆時針旋轉 2π 弧度（即 $360°$），此時定義旋轉 $0 \sim \frac{\pi}{2}$ 之區域稱爲第 I 象限；$\frac{\pi}{2} \sim \pi$、$\pi \sim \frac{3}{2}\pi$、$\frac{3}{2}\pi \sim 2\pi$ 依序爲第 II、III 及 IV 象限。

2. 現考慮此線在各象限的某任意狀態如圖二所示，在棒端作一垂線交 x 軸，可得三角形，此三角形即用以計算三角函數之形，例如在第 I 象限時，$\sin\theta = \frac{y_1}{1}$；$\cos\theta = \frac{x_1}{1}$，因第 I 象限之 x 及 y 均爲正數，故可知當 $0 \sim \frac{\pi}{2}$，$\sin\theta$ 和 $\cos\theta$ 均爲正數。

3. 現考慮其他象限如第 II 象限如圖三，則 $\sin\theta = \frac{y_2}{1}$；$\cos\theta = \frac{x_2}{1}$，因第 II 象限之

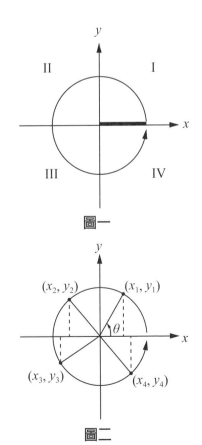

圖一

圖二

x 爲負數，y 爲正數，故可知當 $\frac{\pi}{2} \sim \pi$ 時，$\sin \theta$ 爲正數，$\cos \theta$ 爲負數；同理，第 III 象限 $\theta = \pi \sim \frac{3}{2}\pi$ 時，$\sin \theta$ 及 $\cos \theta$ 均爲負數；第 IV 象限 $\theta = \frac{3}{2}\pi \sim 2\pi$ 時 $\sin \theta$ 爲負數，$\cos \theta$ 爲正數。

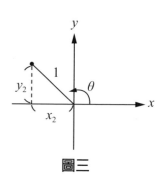

圖三

4. 依以上推導可知 $\theta = 0 \sim 2\pi$ 均可有 $\sin \theta$ 及 $\cos \theta$ 值，故可繪成圖四，此時宜注意 $\theta = 0$ 時 $\sin \theta = 0$，$\cos \theta = 1$；$\theta = \frac{\pi}{2}$ 時，$\sin \theta = 1$，$\cos \theta = 0$；$\theta = \pi$ 時 $\sin \theta = 0$，$\cos \theta = -1$；$\theta = \frac{3}{2}\pi$ 時 $\sin \theta = -1$，$\cos \theta = 0$。

5. 回到最初廣義三角函數之推導過程，可知當 $\theta = 2\pi$ 時直線又與 $\theta = 0$ 重合，故 $\sin \theta$ 與 $\cos \theta$ 應爲 2π 之週期函數，又

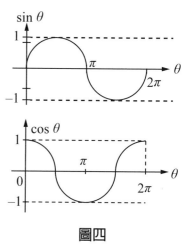

圖四

可再觀察 $\theta \pm \pi$ 時 $\sin \theta$ 與 $\cos \theta$ 均爲正負顛倒，如 $\sin \frac{\pi}{2} = -\sin\left(-\frac{\pi}{2}\right)$，$\cos \pi = -\cos(0)$，讀者可自行利用圖五驗證，故可整理成以下數學公式：

$\sin(\theta \pm 2\pi) = \sin \theta$、
$\cos(\theta \pm 2\pi) = \cos \theta$、
$\sin(\theta \pm \pi) = -\sin \theta$、
$\cos(\theta \pm \pi) = -\cos \theta$

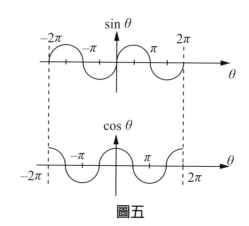

圖五

1-8 利用圖解法找sin θ 與cos θ 的轉換關係式

1. 圖一為 sin θ 之函數圖形，而圖二是 cos θ 的函數圖形，看似不同，但若依圖示「抓頭抓尾」，會發現波形完全相同，好似把 sin θ 該段波形「向左」平移便能與 cos θ 完全重合，再加之週期性特徵，一段重合後可推斷其他段也重合，故在方程式上 sin θ 應該經過某種「處理」便能與 cos θ 劃上等號，該如何作？

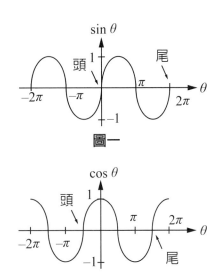

圖一

圖二

2. 我們嘗試畫出 $\sin\left(\theta+\dfrac{\pi}{2}\right)$ 之圖形，當 $\theta=-\dfrac{\pi}{2}$ 時，$\sin\left(-\dfrac{\pi}{2}+\dfrac{\pi}{2}\right)=\sin 0$ $=0$；$\theta=0$時，$\sin\left(0+\dfrac{\pi}{2}\right)=\sin\dfrac{\pi}{2}=1$，故可有圖三之形，確定此段線型後，即可將其「展開」虛線部分，比較 cos θ 函數圖形赫然發現兩圖重合，故應有 $\sin\left(\theta+\dfrac{\pi}{2}\right)=\cos\theta$ 之關係式。

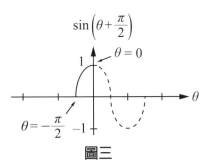

圖三

綜上，欲將線型向左平移，只要在弧度中加上欲平移的弧度值即可。

3. 現來思考 $\sin\left(\theta-\dfrac{\pi}{2}\right)=-\cos\theta$ 應如何圖解？左式改為「$-\dfrac{\pi}{2}$」，正為左移，負即為右移，故應有

圖四之形；又 $\cos\theta$ 前之負號代表值正負顛倒，在圖上即以橫軸作鏡射（若 $\theta = 0$，則 $\cos 0 = +1$，$-\cos 0 = -1$），故應有圖五之形。比較圖四與圖五可知二圖波形重合，便得證其等式成立！

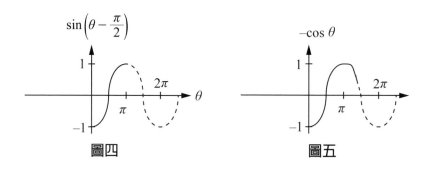

圖四　　　　　　　　圖五

1-9 利用圖解求證sin與cos函數的負角公式

1. 現考慮 $\theta < 0$ 時畫 $\sin\theta$，$\theta > 0$ 時畫 $\sin(-\theta)$，先檢查 $\theta = 0$ 之邊界情形，此時不論 $\sin\theta$ 和 $\sin(-\theta)$ 都是 $\sin 0$，故 $\sin\theta = \sin(-\theta) = 0$，在波形上應共用同一點，頭尾相接自無疑義。$\sin\theta$ 部分作圖不再贅述，$\sin(-\theta)$ 又如何呢？已知 $\theta = 0$ 時其值為 0，再找 $\theta = \dfrac{\pi}{2}$，則 $\sin(-\theta) = \sin\left(-\dfrac{\pi}{2}\right) = -1$，找得一波形兩點，自可在 $\theta > 0$ 範圍展開如虛線所示！

2. 觀察圖一實線與虛線便知，在弧度前加上負號對圖形所產生之作用為「以縱軸作鏡射」，那麼 $\cos(-\theta)$ 又如何？同上述操作 $\theta < 0$ 時畫 $\cos\theta$，$\theta > 0$ 時畫 $\cos(-\theta)$，赫然發現鏡射後兩波形完全相同，故 $\cos\theta = \cos(-\theta)$，此即 $\cos$ 之負角公式。

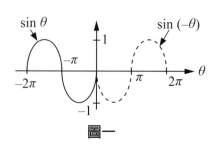

圖一

3. 現考慮 $-\sin\theta$ 之圖應有圖三，與圖一中 $\theta > 0$ 的區間比較，波形完全相同，故可知 $-\sin\theta = \sin(-\theta)$，此即 sin 之負角公式。

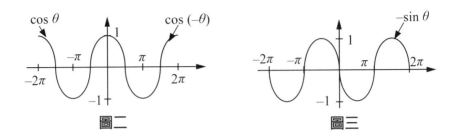

圖二　　　　　　　圖三

4. 現將常用的 sin 與 cos 關係式列於以下

  (1) 負角公式：$\sin(-\theta) = -\sin\theta$、$\cos(-\theta) = \cos\theta$

  (2) 餘角公式：$\sin\theta = \cos\left(\theta - \dfrac{\pi}{2}\right)$

                $\cos\theta = \sin\left(\theta + \dfrac{\pi}{2}\right)$

                $\sin\left(\theta - \dfrac{\pi}{2}\right) = -\cos\theta$

                $\cos\left(\theta + \dfrac{\pi}{2}\right) = -\sin\theta$

  (3) 補角公式：$\sin(\theta \pm \pi) = -\sin\theta$

                $\cos(\theta \pm \pi) = -\cos\theta$

1-10 畢氏定理的一種證明

一、畢氏定理是土木類考試極常用之定理，考慮任意一直角三角形，如圖一所示，畢達哥拉斯發現存在 $c^2 = a^2 + b^2$ 之關係式，後人證明其等式成立之法有數百種，本頁試舉其中一種。

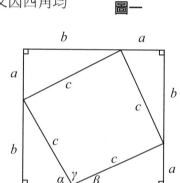

圖一

二、將圖一之三角形複製為四個，按圖二方式排列，可觀察出整體四邊長相等，均為 $a + b$，又因四角均為直角，故係為一大正方形。

三、另外，內部封閉空間形狀為何？從圖中可知四邊長度均相等，其值為 c；而角度方面，已知三角形內角和為 $180°$，故 $\alpha + \beta + 90° = 180° \Rightarrow \alpha + \beta = 90°$，又 $\alpha + \beta + \gamma$ 為一平角為 $180°$，故可推得 $\gamma = 90°$，是以，四邊長相等且內角均為直角，應是正方形。

圖二

四、承上，此整體之面積計算有兩種方式，分述如下：

1. 直接算大正方形 $(a + b)^2 = a^2 + 2ab + b^2$

2. 分作四個直角三角形加上小正方形：$4 \cdot \left(\dfrac{a \cdot b}{2} \right) + c^2 = 2ab + c^2$

又因不論何種算法，總面積之值應不變，故存有 (1) 式 = (2) 式之拘束條件，是以 $a^2 + 2ab + b^2 = 2ab + c^2 \Rightarrow a^2 + b^2 = c^2$ 即得證。

1-11　平面上任一點座標值的圓座標轉換

1. 考慮平面空間中存有 A、B、C、D 四點恰分布於各象限如圖一所示，則在 $\langle xy \rangle$ 下各點可有自己的座標值如 (A_x, A_y)，故可知要描述某點位置需要 2 個參數才能「定位」，但除了使用 $\langle xy \rangle$ 以外，還有別有方法嗎？

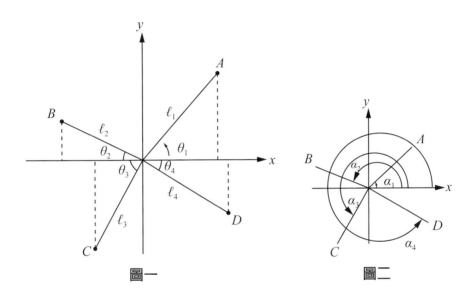

圖一　　　　　　　　　　　　圖二

2. 現就 A 點探討，若已知 ℓ_1 和 θ_1 如圖一所示，則依照廣義三角函數，將有 $A_x = \ell_1 \cdot \cos\theta_1$；$A_y = \ell_1 \cdot \sin\theta_1$ 之關係式，亦即 A 點座標亦可寫爲 $(\ell_1 \cdot \cos\theta_1, \ell_1 \cdot \sin\theta_1)$

3. 現研究 B 點又如何？在 y 方面爲 $\ell_2 \cdot \sin\theta_2$，但在 x 方面則應爲 $-\ell_2 \cdot \cos\theta_2$，加上負號是因爲觀察到 B 點位於第 II 象限，此加上負號動作與數學本身無關，故稱「人工」校正，如此便形成每次寫座標時都得小心翼翼，甚爲不便！唯一的好處是使用三角函數時 θ 在 $0 \sim 90°$

間，易於想像而已，現引入廣義三角函數，改用 α 表示角度如圖二，則可知 $\alpha_2 = \pi - \theta_2$，故 B_x 是否能直接寫成 $\ell_2 \cdot \cos \alpha_2$ 呢？是否 $\ell_2 \cdot \cos \alpha_2 = -\ell_2 \cdot \cos \theta_2$ 呢？推導如下：

$\ell_2 \cdot \cos \alpha_2 = \ell_2\cos(\pi - \theta_2) = -\ell_2\cos(-\theta_2) = -\ell_2 \cdot \cos \theta_2$，此過程使用之三角函數公式如前所述。

4. 此外尚有 5 題可練，(1)$\ell_2\sin \alpha_2 = \ell_2\sin \theta_2$；(2)$\ell_3\sin \alpha_3 = -\ell_3\sin \theta_3$；(3)$\ell_3\cos \alpha_3 = -\ell_3\cos \theta_3$；(4)$\ell_4\sin \alpha_4 = -\ell_4\sin \theta_4$；(5)$\ell_4\cos \alpha_4 = \ell_4\cos \theta_4$

其中 $\theta_2 = \pi - \alpha_2$、$\theta_3 = \alpha_3 - \pi$、$\theta_4 = 2\pi - \alpha_4$

5. 綜合以上可知 $\langle xy \rangle$ 中任一點 A 之 (A_x, A_y) 可寫為 $(\overline{OA} \cdot \cos \alpha, \overline{OA} \cdot \sin \alpha)$，其中 α 為 ↰，$\alpha = 0$ 之方向為 x 軸方向，且不限於 $0 \sim 90°$ 之間！

使用廣義三角函數，其座標值之正負號將「自動」校正，甚為便利。

1-12 平面上任意2點直線距離公式

1. 考慮 $\langle x\,y \rangle$ 平面上存在 A、B 二點，座標值俱為已知，欲求 A、B 2 點直線距離 ℓ_{AB}，該如何解得？當然，簡單的方式就是拿尺量測，如此就連 $\langle x\,y \rangle$ 都不必，也正好旁證了 ℓ_{AB} 之值與座標系 $\langle x\,y \rangle$ 無關。

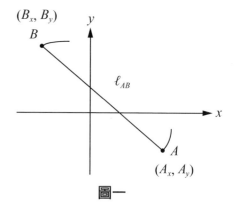

圖一

2. 現以 x 和 y 軸兩平行線使 $\overline{AB}$ 成為一直角三角形的斜邊如圖二，則依照畢氏定理可有：

$\Delta X^2 + \Delta Y^2 = \ell_{AB}{}^2$，$\Delta X = |A_x - B_x|$，

$$\Delta Y = |A_y - B_y|,$$

故展開為 $(A_x - B_x)^2 + (A_y - B_y)^2 = \ell_{AB}{}^2$。左、右式開根號即為「平面上任

意 2 點直線距離公式」如下：

$$\ell_{AB} = \sqrt{(A_x - B_x)^2 + (A_y - B_y)^2} \, ,$$

因座標值相減取平方恆為正，故以 B 點座標值減 A 點座標值亦可。

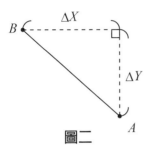

圖二

1-13　餘弦定理的證明

1. 首先推導一個預備公式：$\sin^2\theta + \cos^2\theta = 1$，考慮一直角三角形如圖一，依畢氏定理有 $p^2 = q^2 + r^2 \Rightarrow 1 = \dfrac{q^2}{p^2} + \dfrac{r^2}{p^2}$，又 $\sin\theta = \dfrac{q}{p}$，$\cos\theta = \dfrac{r}{p}$，故 $\sin^2\theta + \cos^2\theta = \dfrac{q^2}{p^2} + \dfrac{r^2}{p^2} = 1$

2. 現考慮一任意三角形 ABC 如圖二所示，餘弦定理即為 $a^2 = b^2 + c^2 - 2 \cdot bc \cdot \cos\theta$，亦可整理為 $\cos\theta = \dfrac{b^2 + c^2 - a^2}{2bc}$，意即給定三角形三邊長，即

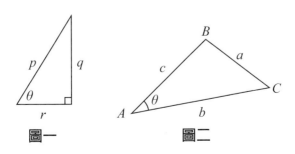

圖一　　圖二

可求定任一角之餘弦值，進而求出內角角度，非常好用！但要如何證明呢？我們分作 θ 爲銳角、直角和鈍角三角形分別討論……

3. 直角三角形如圖三，此時餘弦定理有 $a^2 = b^2 + c^2 - 2bc \cdot \cos\frac{\pi}{2}$，又 $\cos\frac{\pi}{2} = 0$，故 $a^2 = b^2 + c^2$ 成爲畢氏定理之還原，等號自然成立！

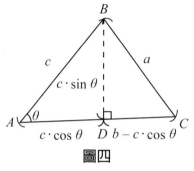

圖三

4. 在銳角三角形的情況如圖四，自 B 點作一垂線交 $\overline{AC}$ 於 D 點，此時 $\overline{AD}$、$\overline{BD}$、$\overline{CD}$ 均可寫爲包含 θ 之函式如圖四所示，考慮 ΔBDC 之畢氏定理有 $a^2 = (c \cdot \sin\theta)^2 + (b - c \cdot \cos\theta)^2 = c^2 \cdot \sin^2\theta + b^2 + c^2 \cdot \cos^2\theta - 2 \cdot b \cdot c \cdot \cos\theta = c^2(\sin^2\theta + \cos^2\theta) + b^2 - 2bc \cdot \cos\theta$

又 $\because \sin^2\theta + \cos^2\theta = 1$，$\therefore a_2 = b^2 + c^2 - 2bc \cdot \cos\theta$（得證）

圖四

5. 最後考慮鈍角三角形如圖五，自 B 點作一垂線交 $\overline{AC}$ 之延伸線於 D 點，此時 $\angle BAD = \pi - \theta$，$\overline{BD}$、$\overline{AD}$ 均可寫爲包含 θ 之函式，如圖所示，考慮 ΔBCD 之畢氏定理，有：

$$a^2 = [c \cdot \sin(\pi - \theta)]^2 + [b + c \cdot \cos(\pi - \theta)]^2$$

$$\Rightarrow a^2 = b^2 + c^2[\sin^2(\pi - \theta) + \cos^2(\pi - \theta)] + 2bc \cdot \cos(\pi - \theta)$$

又 $\because \sin^2(\pi - \theta) + \cos^2(\pi - \theta) = 1$，$\cos(\pi - \theta) = -\cos\theta$

$\therefore a^2 = b^2 + c^2 - 2bc \cdot \cos\theta$（得證）

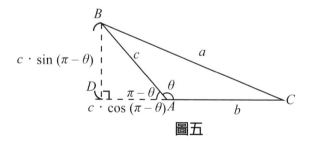

圖五

1-14　和角公式的證明（上）

1. 和角公式有四條分別爲：

    (1) $\sin(\alpha+\beta) = \sin\alpha \cdot \cos\beta + \cos\alpha \cdot \sin\beta$；

    (2) $\sin(\alpha-\beta) = \sin\alpha \cdot \cos\beta - \cos\alpha \cdot \sin\beta$；

    (3) $\cos(\alpha+\beta) = \cos\alpha \cdot \cos\beta - \sin\alpha \cdot \sin\beta$；

    (4) $\cos(\alpha-\beta) = \cos\alpha \cdot \cos\beta + \sin\alpha \cdot \sin\beta$。

    本節先證明第 (4) 條公式成立。

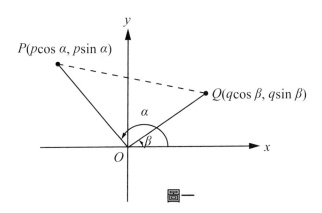

圖一

2. 考慮平面上有 2 點 P 及 Q，其中 $\overline{OP} = p$、$\overline{OQ} = q$，現使用圓座標系分別描述其座標如圖一所示，接著作 $\overline{PQ}$ 之連線使其形成 ΔPOQ，而 $\angle POQ = \alpha - \beta$

3. 使用兩點距離公式計算 $\overline{PQ}$，則應有：

$$\overline{PQ} = \sqrt{(p\cos\alpha - q\cos\beta)^2 + (p\sin\alpha - q\sin\beta)^2} = p^2(\cos^2\alpha + \sin^2\alpha) +$$
$$q^2(\cos^2\beta + \sin^2\beta) - 2p \cdot q(\cos\alpha\cos\beta + \sin\alpha\sin\beta)$$
$$= p^2 + q^2 - 2pq(\cos\alpha\cos\beta + \sin\alpha\sin\beta)$$

4. 使用餘弦定理計算 $\overline{PQ}$，則應有：

$$\overline{PQ} = p^2 + q^2 - 2 \cdot p \cdot q \cdot \cos(\alpha - \beta)$$

5. 聯立上二式則有 $p^2 + q^2 - 2pq(\cos \alpha \cos \beta + \sin \alpha \sin \beta)$

   $= p^2 + q^2 - 2pq \cos(\alpha - \beta)$ 可整理得 $\cos(\alpha - \beta) = \cos \alpha$

   $\cos \beta + \sin \alpha \sin \beta$（得證）

1-15 和角公式的證明（下）

1. 本節將利用上節已得證的 $\cos(\alpha - \beta) = \cos \alpha \cos \beta + \sin \alpha \sin \beta$（稱作 (a)

   式）繼續證明另外三條和角公式，我們會利用到以下四個預備公式：

   (1) $\cos\left(\theta - \dfrac{\pi}{2}\right) = \sin \theta$；(2) $\sin\left(\theta - \dfrac{\pi}{2}\right) = -\cos \theta$；(3) $\cos(-\theta) = \cos \theta$

   (4) $\sin(\theta) = -\sin \theta$

2. 證明 $\cos(\alpha + \beta') = \cos \alpha \cos \beta' - \sin\alpha \sin \beta'$

   令 $\beta = -\beta'$，$\overset{(a)}{\Longrightarrow} \cos(\alpha + \beta') = \cos \alpha \cos(-\beta') + \sin \alpha \cdot \sin(-\beta')$

   $\qquad\qquad\qquad = \cos \alpha \cos \beta' - \sin \alpha \cdot \sin \beta'$（得證：稱作 (b) 式）

3. 證明 $\sin(\alpha + \beta'') = \sin \alpha \cos \beta'' + \cos\alpha \sin \beta''$

   令 $\beta' = \beta'' - \dfrac{\pi}{2}$，$\overset{(b)}{\Longrightarrow} \cos\left(\alpha + \beta'' - \dfrac{\pi}{2}\right)$

   $\qquad\qquad\qquad = \cos \alpha \cos\left(\beta'' - \dfrac{\pi}{2}\right) - \sin \alpha \cdot \sin\left(\beta' - \dfrac{\pi}{2}\right)$

   $\Rightarrow \sin(\alpha + \beta'') = \cos \alpha \cdot \sin \beta'' + \sin \alpha \cdot \cos \beta''$（得證：稱作 (c) 式）

4. 證明 $\sin(\alpha - \beta'') = \sin \alpha \cos \beta''' - \cos \alpha \cdot \sin \beta'''$

   令 $\beta'' = -\beta'''$，$\overset{(c)}{\Longrightarrow} \sin(\alpha - \beta'') = \sin \alpha \cdot \cos(-\beta''') + \cos \alpha \cdot \sin(-\beta''')$

   $\qquad\qquad\qquad = \sin \alpha \cdot \cos \beta''' - \cos \alpha \cdot \sin \beta'''$（得證）

5. 雖然上述三條和角公式有 β'、β''、β'''，但此為推導過

   程需要而產生，在一般情形可直接通寫為 β 即可，不

   影響公式成立。

1-16 倍角公式及「$A \cdot \cos^2\theta + B \cdot \sin^2\theta = \dfrac{A+B}{2} + \dfrac{A-B}{2}\cos 2\theta$」的證明

1. 在上節我們已證明了 $\sin(a+\beta) = \sin\alpha\cos\beta + \cos\alpha\sin\beta$ 及 $\cos(\alpha+\beta) = \cos\alpha\cos\beta - \sin\alpha\sin\beta$，若令 $\theta = \alpha = \beta$，則可得：

   (1) $\sin(\theta+\theta) = \sin\theta\cos\theta + \cos\theta\sin\theta \Rightarrow \sin 2\theta = 2 \cdot \sin\theta\cos\theta$

   (2) $\cos(\theta+\theta) = \cos\theta\cos\theta - \sin\theta\sin\theta \Rightarrow \cos 2\theta = \cos^2\theta - \sin^2\theta$

   此二式即稱「倍角公式」，可視為和角公式的一種特殊情形，以下推導將使用第 (2) 式。

2. 現證明標題之等號成立，擬自左式推向右式，

$$A \cdot \cos^2\theta + B \cdot \sin^2\theta = \frac{1}{2}(A\cos^2\theta + A\cos^2\theta + B\sin^2\theta + B\sin^2\theta)$$

$$= \frac{1}{2}\Big[(A\cos^2\theta + A\sin^2\theta) + (A\cos^2\theta - A\sin^2\theta) +$$
$$(B\sin^2\theta + B\cos^2\theta) + (B\sin^2\theta - B\cos^2\theta)\Big]$$

$$= \frac{1}{2}\Big[A(\cos^2\theta + \sin^2\theta) + A(\cos^2\theta - \sin^2\theta) + B(\sin^2\theta + \cos^2\theta) +$$
$$B(\sin^2\theta - \cos^2\theta)\Big]$$

$$= \frac{1}{2}\Big[A + A \cdot \cos(2\theta) + B + B \cdot (-\cos 2\theta)\Big]$$

$$= \frac{A+B}{2} + \frac{1}{2}\Big[\cos(2\theta)(A-B)\Big]$$

$$= \frac{A+B}{2} + \frac{A-B}{2} \cdot \cos 2\theta \quad（得證）$$

3. 此公式將會用於材料力學中正向應力和剪應力轉換關係式推導，可先放在心中作為預備公式！

1-17 正圓的軌跡方程式

1. 平面上存有一半徑 R 之正圓，隨意假定 $\langle x\ y \rangle$ 如圖一所示，此時圓心 O 點將有其座標 (a, b)，那試問是否存在一方程式描述此圓之軌跡？

2. 在圓上任意找一點 C 爲 (x, y)，又因所謂正圓的軌跡上任一點與圓心的距離爲定值 R，故引用兩點距離公式有 $\sqrt{(x-a)^2+(y-b)^2}=R \Rightarrow (x-a)^2+(y-b)^2=R^2$，此即爲正圓的軌跡方程式，此式亦可直接看穿圓心位置爲 (a, b)，在腦中要能產生圖像！

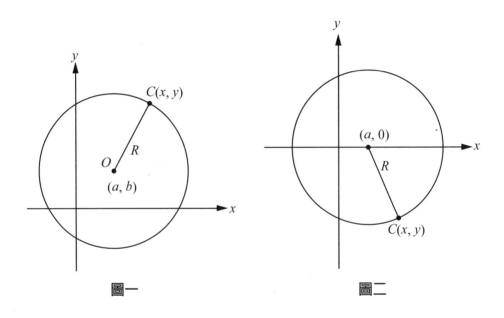

圖一　　　　　　　　圖二

3. 現若給定 $(x-a)^2+y^2=R^2$ 之公式，應可直接畫出圖二。而 $x^2 + y^2 = R^2$ 自有圖三之形，而 $(x+a)^2+y^2=R^2$ 則是圖四之形！

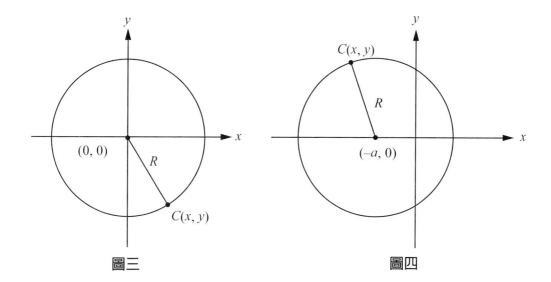

圖三 圖四

1-18 兩銳角構成邊若分別垂直則角度相等定理

1. 平面中存有兩個角度 α 和 β，它們構成的邊分別垂直，如：$\overline{AB} \perp \overline{BC}$、$\overline{AD} \perp \overline{CD}$，則可推導出 $\alpha = \beta$ 之結果，爲何呢？

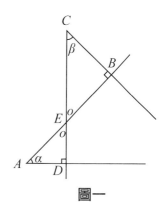

圖一

∵ $\alpha + \angle ADE + \angle AED = 180°$，

$\beta + \angle CBE + \angle CEB = 180°$，

∴ $\alpha + \angle ADE + \angle AED = \beta + \angle CBE + \angle CEB$

又∵ $\angle ADE = 90°$，$\angle CBE = 90°$，且 $\angle AED = \angle CEB$（對角相等）

∴ $\alpha = \beta$（得證）

2. 現考慮另一種類似情形如圖二所示，β 之
   構成邊 $\overline{BD}$ 看似未與 $\overline{AC}$ 垂直，但其延伸線
   $\overline{BC} \perp \overline{AC}$，另 $\overline{AB} \perp \overline{BE}$，如此 $\alpha = \beta$ 亦成
   立，爲何？

   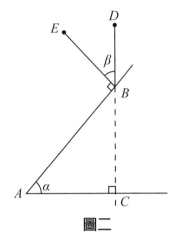
   圖二

   $\because$ $\alpha + \angle ACB + \angle ABC = 180°$；

   $\beta + \angle EBA + \angle ABC = 180°$

   $\therefore$ $\alpha + \angle ACB + \angle ABC = \beta + \angle EBA + \angle ABC$

   又 $\because \angle ACB = 90°$，$\angle EBA = 90°$

   $\therefore \alpha = \beta$（得證）

3. 此節標題提示之性質常用以尋找相似三角形間的邊長比例關係！

1-19　外分點公式的推導及使用

1. 考慮圖一所示之一維數線 $\langle x \rangle$，$A' = 4$，$B' = 6$，$\overline{A'B'} : \overline{A'P'} = 4 : 7$，試
   問 $P' = $？直觀可知 $\overline{A'B'} = 6 - 4 = 2$，而 2 佔 11 份（4 + 7）中的 4 份，
   故 1 份代表 $\dfrac{2}{4} = 0.5$，是以，7 份就有 3.5，如此便可推得 $P' = A' - 3.5$
   $= 0.5$，亦可列式有 $P' = 4 - \dfrac{(6-4)}{4} \cdot 7 = 0.5$

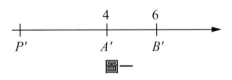
圖一

2. 現考慮二維平面，P、A、B 三點共線，已知 A 及 B 點座標分別爲
   (A_x, A_y)、(B_x, B_y) 如圖二所示，又 $\overline{PA} : \overline{AB} = m : n$，試求 P 點座標
   爲何？我們可將此線 L 分別投影在 x、y 二軸上，則 x 軸上有 P_x、

A_x、B_x，而 $\overline{P_xA_x}$：$\overline{A_xB_x}=m:n$；同理，y 軸上有 P_y、A_y、B_y，而 $\overline{P_yA_y}$：$\overline{A_yB_y}=m:n$，此係考慮相似三角形之故。如此本題依上開作法可知 $P_x=A_x-\dfrac{(B_x-A_x)}{n}\cdot m$，$P_y=A_y-\dfrac{(B_y-A_y)}{n}\cdot m$ 此即為在此圖上可用之外分點公式！但要注意正負號要人工校正。

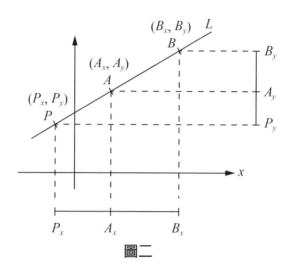

圖二

3. 此外，若已知點改為 P、B 求未知點 A 之座標，則稱「內分點公式」，即內插法，數學上僅為已知數和未知數交換，不影響求解答案！

1-20 點到直線最短距離公式

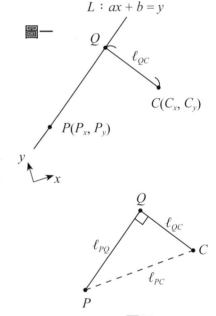

圖一

1. 考慮平面上存有一線 L 可用 $ax + b$ 表示，已知點 P 在 L 上，座標爲 (P_x, P_y)，另外，在線外有一點 $C(C_x, C_y)$，其與 L 線之最短距離爲 ℓ_{QC}，如圖一所示，試求 Q 座標及 L 方程式爲何？

2. 連 $\overline{PC}$ 作爲輔助線，因 $\overline{CQ}$ 爲 C 至 L 的最短距離，故 $\angle PQC = 90°$，是以，ΔPQC 爲直角三角形。

3. 先求出 ℓ_{PC}，依兩點距離公式，
$$\ell_{PC} = \sqrt{(P_x - C_x)^2 + (P_y - C_y)^2}，$$
又依畢氏定理有 $\ell_{PQ} = \sqrt{\ell_{PC}^2 - r^2}$

圖二

4. 令 Q 點座標爲 (Q_x, Q_y)，相當於 2 個未知數，故須找 2 條方程式，在本題恰都使用 2 點距離公式有：
$$\ell_{QC} = \sqrt{(Q_x - C_x)^2 + (Q_y - C_y)^2}同，$$
$$\ell_{PQ} = \sqrt{(P_x - C_x)^2 + (P_y - C_y)^2}，便可解得 (Q_x, Q_y)$$

5. 現以 P、Q 二點寫出 L 之線方程式，分別將二點座標值代入則有 $P_y = a \cdot P_x + b$ 及 $Q_y = a \cdot Q_x + b$，聯立解得 a 和 b 即爲所求！

6. 標題所稱「點到直線最短距離公式」即此節之 ℓ_{QC}，今若改將線方程式令爲已知，則未知數變爲 ℓ_{QC} 及 Q 點座標之一，解題流程相同。

1-21　簡易微積分

一、指數微積分：$\dfrac{dx^a}{dx} = a \cdot x^{a-1}$；$\displaystyle\int ax^{a-1}\,dx = x^a + c$

　　舉例：x^3 對 x 微分爲 $3x^2$，而 $3x^2$ 對 x 積分爲 $3 \cdot \dfrac{1}{3}x^3 + c = x^3 + c$

二、三角函數微積分：$\dfrac{d\sin\theta}{d\theta} = \cos\theta$；$\displaystyle\int \cos\theta\,d\theta = \sin\theta$；

$$\dfrac{d\cos\theta}{d\theta} = -\sin\theta；\int -\sin\theta\,d\theta = \cos\theta$$

三、證明以下公式：

1. $\displaystyle\int \sin\theta\cos\theta\,d\theta = \dfrac{1}{2}(\sin\theta)^2 + c$

   $\therefore \dfrac{d\sin\theta}{d\theta} = \cos\theta \quad \therefore \cos\theta \cdot d\theta = d\sin\theta$

   故左式 $= \displaystyle\int \sin\theta\,d\sin\theta$，令 $\sin\theta = x$，故又可寫爲 $\displaystyle\int x\,dx = \dfrac{1}{2}x^2 + c$，

   將 x 代回原令，則有 $\dfrac{1}{2}(\sin\theta)^2 = $ 右式，得證

2. $\displaystyle\int \cos\theta\cos\theta\,d\theta = \dfrac{1}{2}(\theta + \sin\theta\cos\theta) + c$

   預備公式有 (a) 式：$\cos 2\theta = \cos^2\theta - \sin^2\theta$，(b) 式：$1 = \sin^2\theta + \cos^2\theta$，

   (c) 式：$\sin 2\theta = 2\sin\theta\cos\theta$

   將 (a)(b) 二式合併爲 $1 + \cos 2\theta = 2\cos^2\theta$，整理爲

   $\cos^2\theta = \dfrac{1}{2} + \dfrac{1}{2}\cos 2\theta$

   左右同時積分有 $\displaystyle\int \cos\theta \cdot \cos\theta\,d\theta = \int \left(\dfrac{1}{2} + \dfrac{1}{2}\cos 2\theta\right)d\theta$，左式

   與題目相同，另右式可先拆成兩項爲 $\displaystyle\int \dfrac{1}{2}\,d\theta + \int \dfrac{1}{2}\cos 2\theta\,d\theta$，

   其中 $\displaystyle\int \dfrac{1}{2}\,d\theta = \dfrac{1}{2}\int d\theta = \dfrac{1}{2}\int \theta^0\,d\theta = \dfrac{1}{2}\theta + c_1$，而後項故意將 $d\theta$

   寫爲 $\dfrac{1}{2}\,d2\theta$，如此有 $\dfrac{1}{2}\displaystyle\int \cos 2\theta\left(\dfrac{1}{2}\,d2\theta\right) = \dfrac{1}{4}\int \cos 2\theta\,d2\theta = \dfrac{1}{4}\sin 2\theta$

$+ c_2 = \dfrac{1}{2}\sin\theta\cos\theta + c_2$。是以，右式為前項 + 後項等於 $\dfrac{1}{2}$ $(\theta +$

$\sin\theta\cos\theta) + c$ 得證

3. $\displaystyle\int \sin\theta \sin\theta = \dfrac{1}{2}(\theta - \sin\theta\cos\theta)$

將 (b) 式減 (c) 式為 $1 - \cos 2\theta = 2\sin^2\theta$，將之整理為

$\sin^2\theta = \dfrac{1}{2}(1 - \cos\theta)$

兩邊積分即可得證，方法同上不再贅述。

1-22　行列式的兩種算法

一、$\begin{vmatrix} a & b \\ c & d \end{vmatrix}$ 為一個 2×2 的行列式，其值為何？算法兩種：

1. 交叉法：左上往右下為正，右上往左下為負，如此有 $+(a \cdot d) + (-1)$
   $(b \cdot c)$

2. T 形法：此法稍微麻煩，依步驟分述如下：

   (1) 加上人工正負號：$\begin{vmatrix} \overset{(+)}{a} & \overset{(-)}{b} \\ c & d \end{vmatrix}$，注意由左至右為以正起始，正負交錯

   (2) 本題有 2 個「T 形」為 $\begin{vmatrix} \overset{(+)}{\quad} \end{vmatrix}$ 和 $\begin{vmatrix} \overset{(-)}{\quad} \end{vmatrix}$，「十字路口」的值可提出，不在「路上」的成降次之行列式，另須注意人工正負號校正，故左項為 $a \cdot |d|$，右項為 $b \cdot (-1) \cdot |c|$，相加即為 $ad +$ $(-1)(b \cdot c)$ 與上述相同。

二、舉一個 3×3 之例子，問：$\dfrac{1}{3.139}\begin{vmatrix} \hat{i} & \hat{j} & \hat{k} \\ -0.5 & 1 & 0 \\ 2 & 2.3 & -0.75 \end{vmatrix}$ 之值為何？

1. 交叉法：$\frac{1}{3.139} \cdot \left\{ \hat{i}[1\,(-0.75) - 2.3(0)] + \hat{j}[(0)(2) + (-1)(-0.5)(-0.75)] \right.$

$\left. + \hat{k}[(-0.5)(2.3) - (1)(2)] \right\} = -0.239\hat{i} - 0.119\hat{j} - 1.004\hat{k}$

2. T 形法：本題 3 個「T 形」為 $\overset{(+)}{\boxed{}}$、$\overset{(-)}{\boxed{}}$ 和 $\overset{(+)}{\boxed{}}$ 可拆成

3 個降次之 2×2 行列式，

$$\frac{1}{3.139}\left(\hat{i}\begin{vmatrix} 1 & 0 \\ 2.3 & -0.75 \end{vmatrix} + (-1)\hat{j}\begin{vmatrix} -0.5 & 0 \\ 2 & -0.75 \end{vmatrix} + \hat{k}\begin{vmatrix} -0.5 & 1 \\ 2 & 2.3 \end{vmatrix} \right)$$

又可再降次為 6 個 1×1 行列式，

$$\frac{1}{3.139}\left\{ \hat{i}[(1) \cdot (-0.75) + (-1)(0) \cdot (2.3)] + (-1)\hat{j}[(-0.5) \cdot (-0.75) + \right.$$
$$\left. (-1)(0) \cdot (2)] + \hat{k}[(-0.5)(2.3) + (-1)(1) \cdot (2)] \right\}$$

會發現展開後其值均相同！

三、通常考試遇到的行列式多為 3×3，建議使用交叉法即可！

1-23　以克拉馬法則解二元一次方程式

1. 今有一組方程式如右：$x + y = 3$ 為 (a) 式；$x - 2y = 0$ 為 (b) 式，欲求 x 和 y。在大多情形，我們使用的是變數變換法，亦即 (b) 式改寫為 $x = 2y$ 代回 (a) 式有 $2y + y = 3$，$\Rightarrow y = 1$，再代回 (b) 式得 $x = 2$；亦可使用線性疊加法，$2 \cdot$ (a) 式 + (b) 式則有 $3x = 6 \Rightarrow x = 2$，再代入 (a) 式得 $y = 1$

2. 現介紹一個新的方法稱克拉馬法則，首先將兩式寫成以下形式：

(1) $x + (1)y = 3$

(1) $x + (-2)y = 0$

需注意 x 與 y 要上下對齊，同式間以加號相連，若係數為 1 也寫出來，此時，觀察係數排列規則寫出以下三個行列式，$|A| = \begin{vmatrix} 1 & 1 \\ 1 & -2 \end{vmatrix}$；

$|B| = \begin{vmatrix} 1 & 3 \\ 1 & 0 \end{vmatrix}$；$|C| = \begin{vmatrix} 3 & 1 \\ 0 & -2 \end{vmatrix}$，

而 $x = \dfrac{|C|}{|A|} = \dfrac{\begin{vmatrix} 3 & 1 \\ 0 & -2 \end{vmatrix}}{\begin{vmatrix} 1 & 1 \\ 1 & -2 \end{vmatrix}} = \dfrac{(3)(-2) - (1)(0)}{(1)(-2) - (1)(1)} = \dfrac{-6}{-3} = 2$；

$y = \dfrac{|B|}{|A|} = \dfrac{\begin{vmatrix} 1 & 3 \\ 1 & 0 \end{vmatrix}}{\begin{vmatrix} 1 & 1 \\ 1 & -2 \end{vmatrix}} = \dfrac{(1)(0) - (3)(1)}{(1)(-2) - (1)(1)} = \dfrac{-3}{-3} = 1$

3. 此方法看似較麻煩，但其實當遇到符號運算時反而便捷，例如：

$\dfrac{1}{2}\ell^2 R_B + \ell F_{BA} = -aC_o$

$\dfrac{1}{3}\ell^3 R_B + \dfrac{\ell^2}{2} F_{BA} = -a\left(\dfrac{a}{2} + b\right)C_o$ 求 R_B、F_{AB}

$R_B = \dfrac{\begin{vmatrix} -aC_o & \ell \\ -a\left(\dfrac{a}{2}+b\right)C_o & \dfrac{\ell^2}{2} \end{vmatrix}}{\begin{vmatrix} \dfrac{1}{2}\ell^2 & \ell \\ \dfrac{1}{3}\ell^3 & \dfrac{\ell^2}{2} \end{vmatrix}} = \dfrac{aC_0}{\ell^3}(-6\ell + 6a + 12b)$

$$F_{BA} = \frac{\begin{vmatrix} \frac{1}{2}\ell^2 & -aC_o \\ \frac{1}{3}\ell^3 & -a\left(\frac{a}{2}+b\right)C_o \end{vmatrix}}{\begin{vmatrix} \frac{1}{2}\ell^2 & \ell \\ \frac{1}{3}\ell^3 & \frac{\ell^2}{2} \end{vmatrix}} = \frac{(-a+2b)a}{\ell^2} \cdot C_o$$

讀者不妨拿碼表計時，分別以傳統方法和克拉馬法
則求解此題，就筆者經驗約節省 70% 時間！

1-24　對數尺度橫座標軸的意義

1. 為了將某些物體間可量化之物理量在圖上加以表示和比較，習慣上
　 所使用的座標軸為「線性尺度橫座標軸」如圖一，可看出每右進一
　 格，代表數值加一，但如該物理量為極小至極大之正數集合，則使
　 用「對數尺度橫座標軸」較為方便，例如石頭顆粒之粒徑，可能在
　 0.001mm ～ 10000mm，若使用線性尺度橫座標軸則甚難將之繪於同一
　 圖上。

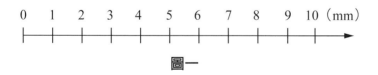

圖一

2. 對數尺度橫座標軸一樣是等間距，如圖二，每一刻度可以 10^x 表示之，
　 其中 10 稱為基底，x 可為任意整數。因 $10^{-\infty} \approx 0$，$10^{\infty} \approx \infty$，可知不論
　 粒徑多小或多大，都能標於軸上。譬如有 2 顆石頭，粒徑分別為 1mm
　 和 100mm，若要用圖一之軸，則須延展 10 倍長到 100 的刻劃，但用
　 圖二之軸則可分別標於 10^0 和 10^2 上。

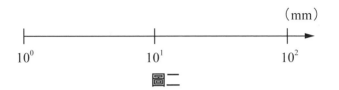

圖二

3. 若有一 2mm 之粒徑，應在對數尺度橫座標上標示於何處？今可令 10^x = 2，左、右式取 log 爲 $\log 10^x = \log 2$，又因 $\log 10 = 1$，故 $\log 10^x = x \cdot \log 10 = 1 \cdot x = \log 2$，按計算機得 $x = 0.301$，故可有圖三之標定，另同理，

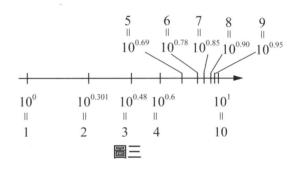

圖三

粒徑	3	4	5	6	7	8	9
x	0.48	0.60	0.69	0.78	0.85	0.90	0.95

表一

3mm ～ 9mm 粒徑在軸上位置經表一計算後繪於圖上，可看出存在向右「壓縮」的狀態，此刻度與平時直觀不同，需多加以留意。

第2章
基本物理

2-1　密度、單位重和比重的定義

1. 就好似直觀上同體積的棉花比鋼鐵輕一樣，此直觀的精確量化即為密度，可稱「因為棉花的密度比鋼鐵小，故同體積的棉花對比鋼鐵輕」，定義密度 = 重量 × 體積。在土木考試中，重量與質量、密度與單位重沒有區別，故也可改寫為單位重 = 質量 × 體積，例如水的密度即水的單位重。

2. 水的密度有以下表達式：

$$\gamma_\omega（水的密度）= 1g/cm^3 = 1kg/\ell = 1\ ton/m^3 = 9.81kN/m^3$$

讀者可利用此公式順便複習以下單位變換關係式：

(1) $1ton = 1000kg = 10^3kg = 1000000g = 10^6g$

(2) $1m^3 = 1000\ell（公升）= 10^6cm^3$

(3) $1kg = 9.81N$；$1ton = 9.81kN$

3. 因水的密度值為 1，適合當作兩物體間密度比較的基準，以此去單位化，故定義其物 S 的比重（G_s）$= \gamma_s/\gamma_w$，故可知若兩物之比重若 $G_甲 > G_乙$，則 $\gamma_甲 > \gamma_乙$，另外，若 $G_甲 > 1$，$G_乙 < 1$，則若將兩物扔進水中，甲會沉下，乙會浮起。

4. 順帶一提，土壤之比重約 2.0 ～ 2.4；鋼筋混凝土則為 2.3 ～ 2.4。

2-2 地表上質量1公斤的物體受重力9.81牛頓向下

1. 本節直接背誦標題即可。

2. 「力量」無法直接觀察,但物體質心在空間中移動的軌跡卻能加以實驗並記錄,進而推算其運動過程中的速度、加速度。我們在地表上某處使一物體自由落體如圖一所示,歷經 t 秒著地,應有 $h = v_o t + \frac{1}{2}at^2$,令 $v_o = 0$,則有 $h = \frac{1}{2}at^2 \Rightarrow a = \frac{2h}{t^2}$,而 h 和 t 俱爲觀測量,故可推出加速度 $a = 9.81$($\mathrm{m/s^2}$)。

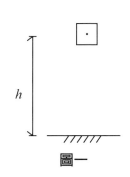

圖一

3. 依牛頓第二運動定律 $F = ma = 9.81m$,使用公制令質量以 kg 計時 F 單位爲牛頓(N),故有 1 牛頓力爲 9.81 公斤之轉換,此節是要交代 9.81 之來源。

2-3 平面上的力與物體之交互作用

1. 一平面上之物體受外加負載如圖一所示,實線爲受力前形狀、虛線爲受力後的形狀,稱變形曲線,則外加負載有以下幾種:(1) 集中力:可視爲力量作用在某一幾何點上,如:$\vec{F}$;(2) 均布力:可視爲力量作用在某一線段上且其值保持定值,如 w_1;(3) 分布力:同上但其值則不斷改變,如 w_2;(4) 集中力偶矩:可視爲力矩作用在某一幾何點上,如 C。此外,外加負載常簡稱作外力。

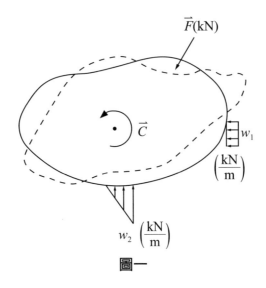

圖一

2. 通常我們會使用「等效力系」的概念，將均布力或分布力換算成集中力以便靜平衡方程式之使用，例如：均布力等效成集中力時，其值為均布力所布成「想像」的面積，而集中力通過該矩形之形心位置，方向與 w_1 同向向下，如圖二所示。而分布力之形式眾多，若以三角形為例，則等效成集中力之結果如圖三所示，該集中力通過該三角形之形心位置。

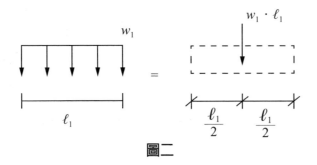

圖二

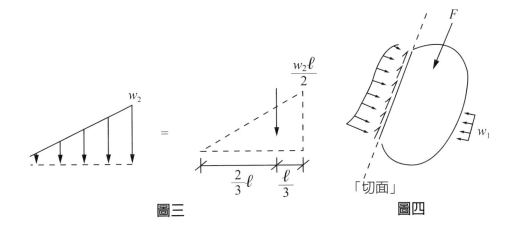

圖三　　　　　　　　　　　　圖四

3. 設若圖一之物體受負載前後均保持靜止，今從任意角度將其「切開」，此種方法稱「切面法」，可使內力以分布力的型式出現。此時內力和外力共同考慮，而且應滿足靜平衡方程式（後詳）。

4. 力對物體所生之交互作用稱「效應」，又因外力和內力而有外效應和內效應兩類。外效應有移動、轉動、生出反作用力、作功……等；內效應則有應力變化、應變變化、各式變形、應變能變化……等不一而足。若視物體不生內效應則是為「剛體」，是工程力學探討對象；若加以考慮內效應則稱「變形體」，是材料力學等其他科目探討對象。

2-4　平面共點力系下的靜平衡方程式（引入〈xy〉）

1. 已知有一物體靜止不動且恆不動如圖一所示，則依照牛頓第二運動定律 $m\vec{a}=\vec{F}$，可將此關係式改繪成圖二。

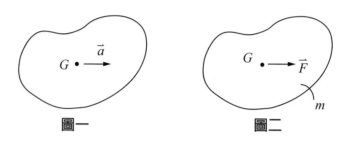

圖一　　　　　　圖二

2. 又因爲 $\vec{a}=0$，故 $\vec{F}$ 亦應爲零向量，「$\vec{F}=0$」即靜平衡方程式的向量式，但此式在諸多場合不易計算，故引入卡氏座標系〈xy〉，其原點設於 G 點，x 軸方向任意決定，y 軸自動配合 x 軸逆時針轉 $90°$ 形成下圖三。

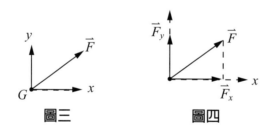

圖三　　　　　　圖四

3. 現將 $\vec{F}$ 分別投影在 x 及 y 二軸而有圖四依照向量加法，有 $\vec{F}=\vec{F}_x+\vec{F}_y$ 之成立，又因 $\vec{F}=0$，且 $\vec{F}_x$ 和 $\vec{F}_y$ 各自獨立（意即 $\vec{F}_x$ 之增減與 $\vec{F}_y$ 無關，反之亦然），故有 $\begin{cases}\vec{F}_x=0\\\vec{F}_y=0\end{cases}$ 此即爲靜平衡方程式之常見計算型式。

4. 現考慮多個力量同時作用在物體上同一點情形，如圖五所示，注意該

點可爲任意點 O，並非一定是質心 G，依向量在其作用線上平移不改變外效應之性質，故可再等效於圖六，接著如上閞所述引入〈xy〉而有 $\vec{F}_1 = \vec{F}_{1x} + \vec{F}_{1y}$，$\vec{F}_2 = \vec{F}_{2x} + \vec{F}_{2y}$，$\vec{F}_3 = \vec{F}_{3x} + \vec{F}_{3y}$，將各 $\vec{F}$ 在 x 和 y 二方向分量加總並因已知 $\Sigma\vec{F} = 0$ 時可有 $\begin{cases} \Sigma\vec{F}_x = 0 \\ \Sigma\vec{F}_y = 0 \end{cases}$，此即平面共點力系所用之靜平衡方程式，$\vec{F}$ 之數量可無限多，但都須通過同一點，而此點不限於物體內部，可爲空間上任一點。

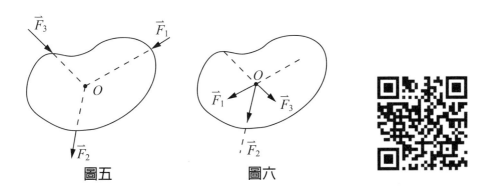

圖五　　　　　圖六

2-5　作用力與反作用力及切面法分析內應力的基本原理

1. 作用力與反作用力是牛頓提出的第三運動定律，考慮球棒擊中球的瞬間如圖一所示，若我們能將兩物體「切開」，則會出現一對大小相同、方向相反的力量 $\vec{F}_1$ 及 $\vec{F}_2$，$\vec{F}_1$ 是球施予球棒，而 $\vec{F}_2$ 是球棒施予球，彼此的出現無先後區別，共生共滅。

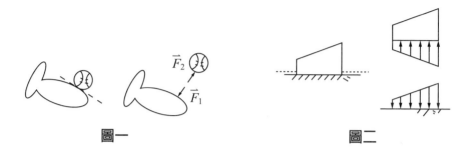

圖一　　　　　　　　　　　　圖二

2. 作用力與反作用力亦可以分布力的型式出現，考慮一梯形物體置於桌面並恆靜止如圖二，我們亦可沿桌面將其「切開」，考慮重力則亦可有一對大小相同、方向相反的分布力出現。

3. 此概念可用以分析靜平衡物體的內部情形，考慮一方塊受力並靜平衡如圖三，如將之沿任意方向切開，就好似上開結果出現分布力如圖四，此亦為作用力與反作用力，此時一方塊被切開應視為 A、B 兩物體，$\vec{f}_1$ 代表的力是 B 施予 A，而 $\vec{f}_2$ 則是 A 施予 B。現可再引用等效力系觀念將分布力改為集中力如圖五。

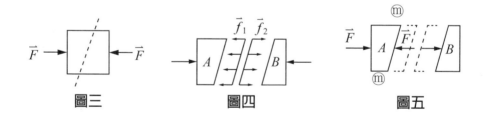

圖三　　　　　　　　　　圖四　　　　　　　　　　圖五

4. 接著將其ⓜ平面放大繪成圖六，我們透過向量的分解將力量改成 2 個分量，其一正交於ⓜ平面為 $\vec{F}_n$，其二緊貼於ⓜ平面為 $\vec{F}_t$，然後再將兩力量「反等效」回分布力如圖七所示，此時分布力在同一面上有 2 種，我們稱 $\vec{f}_t$ 為剪應力，$\vec{f}_n$ 為正向應力，若 $\vec{f}_n$ 朝物體內部，可稱「壓應力」，反之若朝外部則稱「拉（張）應力」。

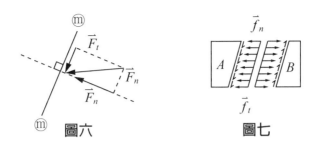

圖六　　　　　　　　圖七

5. 內力爲物體受外力作用後爲了維持自身「形態」所生的一種力量,可透過切面法及牛頓第三運動定律分析,且若內力以分布力表現時可稱「應力」。另外,同一靜平衡物體,沿不同切面切開,所生應力也不同!

2-6　材料點釋義及平面應力態矩陣

1. 考慮一靜平衡物體沿ⓜ切面分析內應力如圖一,則右半部之內應力分布如圖二,可觀察到正向應力及剪應力之大小和方向均不斷改變如圖二此即爲一般情形。

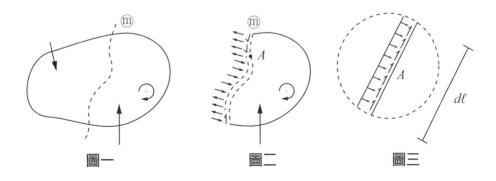

圖一　　　　　　圖二　　　　　　圖三

2. 現自圖二中沿ⓜ切平面上針對一微小尺寸的 A 點放大觀察,注意,僅是「放大」而非取出,隨著放大比例不斷提高,最終可有圖三之「樣

貌」而可歸納出二個性質：(1) 切面近似於一直線；(2) 應力之分布近似於均布力。

3. 現沿 A 的另外三個方向用切面法切出一方塊，每一邊長均為 $d\ell$ 而有圖四，將各均布力簡化為單一箭頭（但不代表是集中力）而有圖五，此 A 點即稱為「材料點」，因每一平面均有一個正向應力和一個剪應力，故共有四組應力共同出現，此稱 A 點的「平面應力態」。

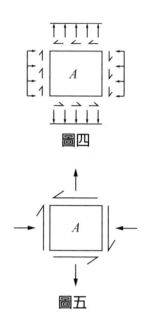

圖四

圖五

4. 由物體靜平衡可知材料點也應靜平衡，亦應有靜平衡方程式之適用，現探討應力態之可能情形必為以下三種組合擇一疊加而成，故最多不外八種。

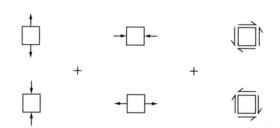

5. 另外，如應力態給定其中兩正交平面，則可依靜平衡原理推出另外兩面，如：

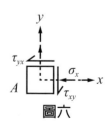

必然可知如圖五形態

6. 現引入 $\langle xy \rangle$ 如圖六，則各應力可有其符號，各 σ 和 τ 之正負號應配合數學系統，以 A 材料號為例，σ_x 和 τ_{xy} 為負值，σ_y 和 τ_{yx} 為正值，正值代表方向與座標軸

圖六

方向相同，τ_{xy} 爲正值代表自 x 軸方向轉朝向正 y 軸方向。

7. 因 σ_x、σ_y、τ_{xy}、τ_{yx} 可充份描述一材料點之應力態，故可將之表示爲一平面應力態矩陣 $[\sigma]_A = \begin{bmatrix} \sigma_x & \tau_{xy} \\ \tau_{yx} & \sigma_y \end{bmatrix}$。

2-7　平面應力態的一般化公式（材力符號系統）

1. 考慮一平面應力態並附上 $\langle xy \rangle$ 如圖一所示，各應力之方向均繪於正向，現改變切面的方向將之逆時針旋轉 θ，此時正向應力 σ_x 之方向也變爲 σ_θ 方向，令該方向爲 x' 軸，爰有 $\langle x'y' \rangle$ 之表達，故可知圖二之 σ_θ、τ_θ、$\sigma_{\theta+90°}$、$\tau_{\theta+90°}$ 和 σ_x、τ_{xy}、σ_y、τ_{yx} 實爲一 $\langle xy \rangle$ 與 $\langle x'y' \rangle$ 的轉換關係。

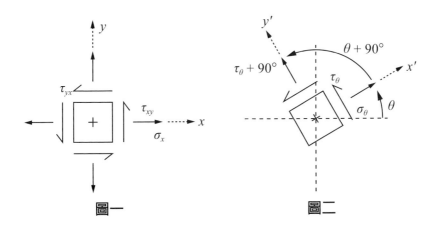

圖一　　　　　　　圖二

2. 現以數學表達上開文字即 $[\sigma']_{\langle x'y' \rangle} = [A][\sigma]_{\langle xy \rangle}[A]^T$，而 $[A]$ 爲旋轉矩陣，數學部分涉線性代數內容暫不贅述，則將其展開應爲：

$$\begin{bmatrix} \sigma_\theta & \tau_\theta \\ \tau_{\theta+90°} & \sigma_{\theta+90°} \end{bmatrix} = \begin{bmatrix} \cos\theta & \sin\theta \\ -\sin\theta & \cos\theta \end{bmatrix} \begin{bmatrix} \sigma_x & \tau_{xy} \\ \tau_{yx} & \sigma_y \end{bmatrix} \begin{bmatrix} \cos\theta & -\sin\theta \\ \sin\theta & \cos\theta \end{bmatrix}$$

經矩陣乘法將右式處理成一個 2×2 矩陣，可得以下二關係式

$$\begin{cases} \sigma_\theta = \cos^2\theta\,\sigma_x + \cos\theta\sin\theta\,\tau_{xy} + \cos\theta\sin\theta\,\tau_{yx} + \sin^2\theta\,\sigma_y \\ \tau_\theta = -\cos\theta\sin\theta\,\sigma_x + \cos^2\theta\,\tau_{xy} - \sin^2\theta\,\tau_{yx} + \cos\theta\sin\theta\,\sigma_y \end{cases}$$

3. 再考慮以下關係式 $\tau_{xy} = \tau_{yx}$；$\cos^2\theta \cdot A + \sin^2\theta \cdot B = \dfrac{1}{2}(A+B) + \dfrac{1}{2}(A-B)$ $\cos 2\theta$；$\sin 2\theta = 2\sin\theta\cos\theta$；$\cos 2\theta = \cos^2\theta - \sin^2\theta$，可進一步將上二

式簡化為：

$$\begin{cases} \sigma_\theta = \dfrac{\sigma_x + \sigma_y}{2} + \dfrac{\sigma_x - \sigma_y}{2} \cdot \cos 2\theta + \tau_{xy}\sin 2\theta \\ \tau_\theta = -\dfrac{\sigma_x - \sigma_y}{2}\sin 2\theta + \tau_{xy}\cos 2\theta \end{cases}$$

此二式即表達了任意平面應力態的 σ 和 τ。

2-8 壓力破壞、張力破壞及剪力破壞釋義

1. 考慮某真實物體承受外力如圖一所示，因外力會引發內力，而內力會引發變形（注意，事實上外力、內力和變形是同一事件，同時發生，此處的「引發」只是幫助理解），當變形超過某一限度時物體將分成 A、B 兩物體，稱作破壞。

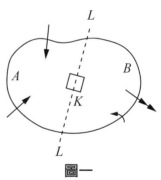

圖一

2. 我們想像有一攝影機可完整記錄物體破壞之過程，並事先在未破壞時標定 K 之材料點區域，且破壞時破壞面 $L\text{-}L$ 恰通過 K，則此破壞過程依 A 和 B 相對移動的方向有以下三類：相互接近（如圖二）、相互遠離（如圖三）及相互平移（如圖四）。相互接近稱壓力破壞、相互遠離稱張力破壞，相互平移稱剪力破壞。在絕大部分場合中，材料點只能有一種破壞型式。

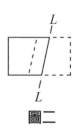

圖二

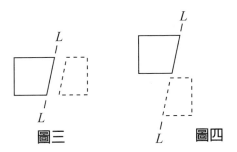

圖三　　　　　圖四

2-9　材料強度釋義

1. 今考慮一未知容量之容器，欲知其容量，應如何進行？我們可以加水直到滿出的瞬間，記錄已加入的水量，依「加入水量約等於容器容量」的理論獲得容量值。此過程看似簡單直觀，但包含三個系統，「加水」為加載系統；「記錄」為讀數系統；「理論分析」為計算系統。

2. 現欲得知某物體的材料強度，過程亦有如上開敘述。我們將某物體上以「加載系統」，使外力由零漸增至物體發生破壞，用攝影機記錄破壞過程，並以「讀數系統」獲知已破壞瞬間之外力大小和方向，此時物體發生破壞如圖一，接著再對發生破壞的材料點進行「理論分析」得其該屬破壞型式的相應應力，此應力值即該材料的強度。按照材料點破壞的型式，可有抗壓強度、抗拉強度及抗剪強度三種。

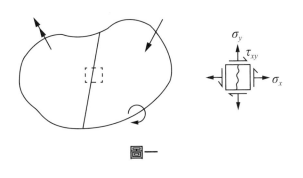

圖一

Note

第3章
工程力學

3-1 向量釋義

1. 向量為一純粹的數學符號，帶有一個大小（純量值）和一個方向，除可用以描述空間中二點相對位置外，真實世界中的許多物理量去除「作用」的性質後也恰好帶有一個方向和一個大小，例如：力量、力矩、速度、加速度、角速度及角加速等，故使用向量表示該等物理量甚為方便。

2. 向量之標記法有三：(1) 繪圖法：為一箭頭，箭身長度為大小，箭帽頂朝向為方向如圖一所示。(2) 座標法：又稱分量法，須先引入任意 $\langle x\,y \rangle$，如圖二所示，而有 $\vec{V} = \vec{V_x} + \vec{V_y}$，三維空間則有 $\vec{V} = \vec{V_x} + \vec{V_y} + \vec{V_z}$，此式可另外表示為以下二型態將大小和方向分離

$$\begin{cases} \vec{V} = V_x\hat{i} + V_y\hat{j} + V_z\hat{k} & \text{（代數式）} \\ \vec{V} = [V_x \ \ V_y \ \ V_z]_{\langle x\,y\,z \rangle} & \text{（矩陣式）} \end{cases}$$

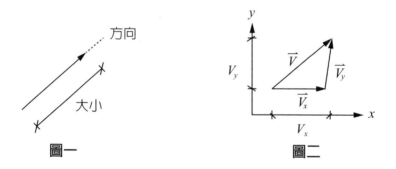

圖一　　　　　　　圖二

在運算過程中矩陣式較常用，而最終答案有時會使用代數式。③單位向量法：承座標法，將 $\langle x\,y \rangle$ 之 x 軸故意設與 $\vec{V}$ 之方向同向則應寫為 $\vec{V} = [|\vec{V}| \ \ 0]_{\langle x\,y \rangle}$，可看出此時 y 軸之存在並無意義，故可簡化為 $\vec{V} = |\vec{V}|\hat{i}$，將 $\hat{i}$ 另命名為 $\hat{e}$ 為單位向量，則有 $\vec{V} = |\vec{V}|\hat{e}$，此即單位向量法

之型式，唯此法多用此式：$\hat{e} = \dfrac{\vec{V}}{|\vec{V}|}$。$\hat{e}$ 之使用較爲抽象，在之後題目會說明，但有以下三點宜加注意：① $\hat{e}$ 是空間中某一指向；② $\hat{e}$ 無物理單位，其值爲 1；③平行線之 $\hat{e}$ 都相同。

3. 就考試而言，座標法和單位向量法均一樣重要且同一題目有可能會交互使用，有時題目會給定座標系、有時須自行假設，但應注意座標系充其量只是一種表示向量的工具而已，向量的本質，不論是數學面或物理面均與座標系無關，而座標系之原點及各軸方向任意假設，均不影響最終答案代表的物理意義！

3-2　力矩釋義

1. 考慮三維空間中一力量 $\vec{F}$ 對某點 Q 產生力矩如圖一所示，問此力矩之大小和方向爲何？我們可自 Q 點發出，指向 $\vec{F}$ 延伸線上任意點 A 形成一位置向量，則力矩 $\overrightarrow{M_Q} = \vec{r} \times \vec{F}$，注意 $\overrightarrow{M_Q}$ 爲一具有大小和方向的量，其值之計算後詳，而方向則應遵照右手螺旋定則，食指朝 $\vec{r}$ 方向向 $\vec{F}$ 方向彎曲之姿態，大拇指方向爲向上凸出紙面方向即 $\overrightarrow{M_Q}$ 方向，力矩之符號記作雙箭頭如圖二所示。而 $\vec{r} \times \vec{F}$ 之「X」稱外積，讀作 cross，此運算子不具備交換律，意即不得前後顛倒爲 $\vec{F} \times \vec{r}$。

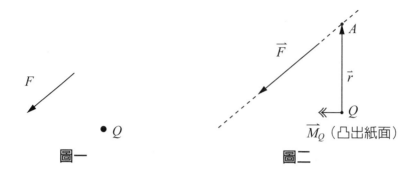

圖一　　　　　　　　　　　　圖二

2. 承上，今若移動 Q 至其他位置，則值通常會改變，意即同一力量對空間中不同點位的力矩通常不同。另外，若 Q 點在 $\vec{F}$ 之延伸線上，則因 $\vec{r}$ 爲零向量，故 $\overrightarrow{M_Q}$ 亦爲零向量。最後，$\overrightarrow{M_Q}=\vec{r}\times\vec{F}$ 爲一向量式，與座標系無關，故不論如何設定座標系，都不影響 $\overrightarrow{M_Q}$ 之大小和方向。

3. 現討論力量對軸線之力矩的求法，如圖三，考慮空間中存有一軸線 L 之方向爲 $\hat{e}_L$，另有一 $\vec{F}$，試問 $\vec{F}$ 對此 L 之力矩 $\overrightarrow{M_L}$ 爲何？我們可先在此軸線上任意決定一點 Q，如上開方式計算 $\overrightarrow{M_Q}=\vec{r}\times\vec{F}$，接著再將 $\overrightarrow{M_Q}$ 投影在 L 上得 $\overrightarrow{M_L}$ 之大小，投影方法爲 $\overrightarrow{M_Q}\cdot\hat{e}_L$，其中「‧」稱爲內積，讀作 dot，計算方式後詳，又因 $\overrightarrow{M_L}$ 之單位向量爲 $\hat{e}_L$，故 $\overrightarrow{M_L}=(\overrightarrow{M_Q}\cdot\hat{e}_L)\hat{e}_L$，此爲單位向量法之型式，$(\overrightarrow{M_Q}\cdot\hat{e}_L)$ 爲大小，$\hat{e}_L$ 爲方向。

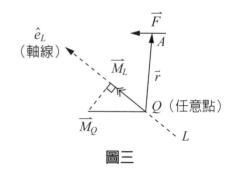

圖三

3-3 三維等效力系例說之一

例說

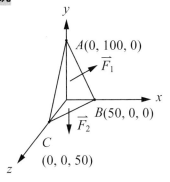

如圖，

$F_1 = 10\text{kN}$，方向與 $\triangle ABC$ 正交；

$F_2 = 2\text{kN}$，方向與 $\triangle OBC$ 正交；

求此系統之合力 $\vec{F}$？

（大小與方向分開表示）

〈Sol〉

1. 本題開始均使用向量式計算，故必然須先將 F_1 和 F_2 寫成向量之型
   式。F_1 的大小為已知 10kN，但方向與 $\triangle ABC$ 正交該如何處理？我
   們可在 $\triangle ABC$ 之平面上任意找非平行的兩向量如 $\overrightarrow{CB}$ 和 $\overrightarrow{BA}$，將
   之外積後取單位向量即可，故 $\overrightarrow{CB}$ 為 $(50 - 0, 0 - 0, 0 - 50) = (50, 0,$
   $-50)$、$\overrightarrow{BA}$ 為 $(0 - 50, 100 - 0, 0 - 0) = (-50, 100, 0)$，是以，$\overrightarrow{CB} \times \overrightarrow{BA} =$
   $\begin{vmatrix} i & j & k \\ 50 & 0 & -50 \\ -50 & 100 & 0 \end{vmatrix} = [5000 \ 2500 \ 5000]$，此式即外積之算法一例，讀者
   第一次見到應加以注意並自行演算，而 $\overrightarrow{CB} \times \overrightarrow{BA}$ 亦應以右手螺旋
   定則檢查，食指由 C 指向 B，往 A 點方向彎，大拇指朝 $\vec{F_1}$ 無誤。此
   時 $\overrightarrow{CB} \times \overrightarrow{BA}$ 包含大小，其值為 $\sqrt{5000^2 + 2500^2 + 5000^2} = |\overrightarrow{CB} \times \overrightarrow{BA}|$，
   故 $\vec{F_1}$ 的單位向量 $e_1 = \dfrac{\overrightarrow{CB} \times \overrightarrow{BA}}{|\overrightarrow{CB} \times \overrightarrow{BA}|}$，至此大小和方向均已知，可組合為

   $$\vec{F_1} = F_1 \cdot \hat{e}_1 = 10 \cdot \frac{\overrightarrow{CB} \times \overrightarrow{BA}}{|\overrightarrow{CB} \times \overrightarrow{BA}|} = \frac{10}{3}[2 \ 1 \ 2]，同理，\vec{F_2} = F_2 \cdot \hat{e}_2 = 2[0 \ -1 \ 0]$$

(2) 合力 $\Sigma\vec{F}$ 依題意即 $\vec{F_1}+\vec{F_2}=\begin{bmatrix}\dfrac{20}{3}+0 & \dfrac{10}{3}-2 & \dfrac{20}{3}+0\end{bmatrix}=\begin{bmatrix}\dfrac{20}{3} & \dfrac{4}{3} & \dfrac{20}{3}\end{bmatrix}_{\langle x\ y\ z\rangle}$，

但此式將大小和方向合併，應依題意拆分，故

$$\Sigma\vec{F}=\Sigma F\vec{u}=\sqrt{\left(\frac{20}{3}\right)^2+\left(\frac{4}{3}\right)^2+\left(\frac{20}{3}\right)^2}\cdot\frac{\begin{bmatrix}\dfrac{20}{3} & \dfrac{4}{3} & \dfrac{20}{3}\end{bmatrix}}{\sqrt{\left(\frac{20}{3}\right)^2+\left(\frac{4}{3}\right)^2+\left(\frac{20}{3}\right)^2}}$$

$$\Rightarrow \Sigma F=9.52(\text{kN})\text{、}\vec{u}=\begin{bmatrix}\dfrac{5}{\sqrt{51}} & \dfrac{1}{\sqrt{51}} & \dfrac{5}{\sqrt{51}}\end{bmatrix}$$

其中 $|\vec{u}|=\sqrt{\left(\dfrac{5}{\sqrt{51}}\right)^2+\left(\dfrac{1}{\sqrt{51}}\right)^2+\left(\dfrac{5}{\sqrt{51}}\right)^2}=1$，為單位向

量無誤，另外，$\Sigma\vec{F}$ 亦可寫為 $\Sigma\vec{F}=\dfrac{20}{3}\hat{i}+\dfrac{4}{3}\hat{j}+\dfrac{20}{3}\hat{k}$

之代數型式。

3-4　三維等效力系例說之二

例說

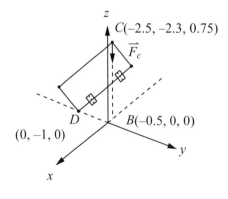

試求 $\vec{F_c}$ 力對門之鉸線的作用力矩 $\vec{M_\ell}$，
已知 $F_c=250\text{N}$，鉸線與 x 軸平行。

1. 本題我們可先在鉸線上任取一點射向 $\vec{F_c}$ 之延伸作用線上任一點得向量
$\vec{r}$、將 $\vec{r}\times\vec{F_c}$ 得 $\vec{M}$，再以內積方式得 $|\vec{M_\ell}|$，又因 $\hat{e}_\ell$ 為已知，可組合成

$\overrightarrow{M_\ell}$ 即為所求。

2. 首先將 $\overrightarrow{F_c}$ 寫成向量式，其值 $|\overrightarrow{F_c}| = 250\text{N}$ 為已知，又 $\overrightarrow{F_c}$ 之方向即

$$\hat{e}_{CB} = \frac{[2\ \ 2.3\ \ -0.75]}{\sqrt{2^2 + (2.3)^2 + (-0.75)^2}} \Rightarrow \overrightarrow{F_c} = \frac{250}{3.139}[2\ \ 2.3\ \ -0.75]$$

3. 本題 $\vec{r}$ 取 $\vec{r}_{DB}$ 有 $[-0.5, 1, 0]$，故

$$\overrightarrow{M_D} = \overrightarrow{DB} \times \overrightarrow{F_c} = \frac{250}{3.139} \begin{vmatrix} \hat{i} & \hat{j} & \hat{k} \\ -0.5 & 1 & 0 \\ 2 & 2.3 & -0.75 \end{vmatrix} = 250[-0.239\ \ -0.120\ \ -1.004]$$

4. 將 $\overrightarrow{M_D}$ 投影在鉸線上可得 $\overrightarrow{M_D} \cdot \hat{e}_\ell = |\overrightarrow{M_\ell}|$，其中 $\hat{e}_\ell = [1\ 0\ 0]$（因鉸線與 x 軸平行）是以，$|\overrightarrow{M_\ell}| = 250[(-0.239)(1) + (-0.120)(0) + (-1.004)(0)] = -59.75$，此處第一次出現內積算法，讀者宜加以注意，最終可得 $\overrightarrow{M_\ell} = -59.75[1\ 0\ 0] = [-59.75\ 0\ 0] = -59.75\,\hat{i}\ (\text{N}\cdot\text{m})$

5. 此答案之 $-59.75\hat{i}$，可看成是 $59.75(-\hat{i})$，59.75 為大小，$(-\hat{i})$ 表方向，即 x 軸之反方向，因此向量代表力矩，故可依右手螺旋定則，拇指向負 x 軸方向，另食指之轉向即此力矩對軸線提供旋轉之效果方向，如圖一所示。請注意切忌用經驗判斷方向，一切應以計算為依據。

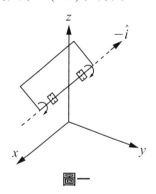

圖一

3-5 力偶與力偶矩釋義

1. 考慮空間中多個平行的向量，大小均相同如圖一所示，則若欲寫出 $\vec{e}_1$、$\vec{e}_2$ 及 $\vec{e}_3$ 之向量式，發現其型式完全相同，即 $\vec{e}_1 = \vec{e}_2 = \vec{e}_3 = |\vec{e}|\hat{e} = \vec{e}$。故可知本例在空間中雖好似存在多個向量，但其實只有一個。

2. 同理，考慮一平面上有多個大小相同的力偶矩凸出該平面如圖二所示，則有 $\vec{C} = \vec{C}_1 = \vec{C}_2 = \vec{C}_3$

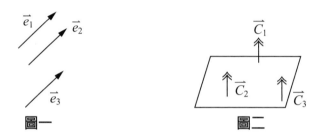

圖一　　　　　　　　　圖二

3. 力偶矩可等效為一對大小相同，方向相反，不共線的力量組合，稱為力偶，此種等效方式有無限多種，如圖三所示。綜合以上結果，可有圖四之等效力圖，即一力偶所生之力偶矩，可任意在該力偶形成的平面上任意移動。

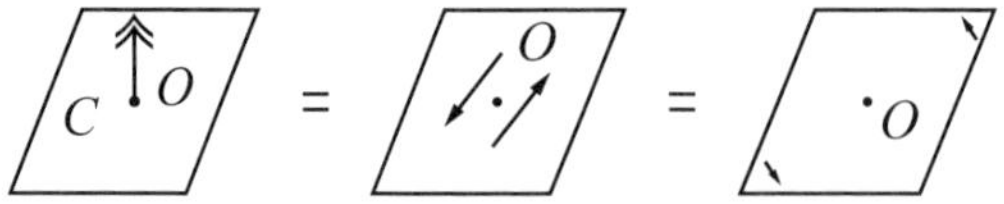

圖三

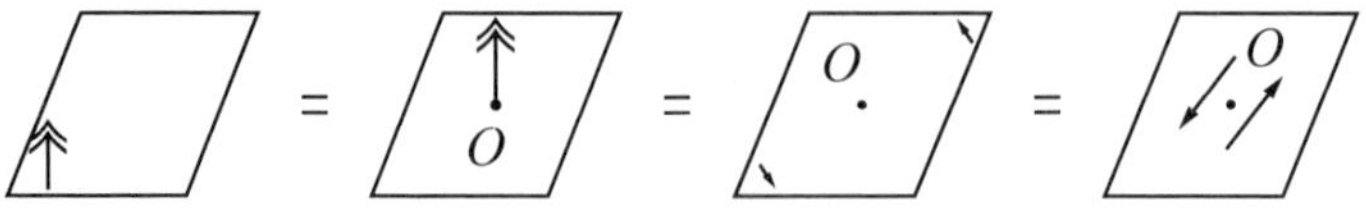

圖四

4. 力偶為「兩大小相同，指向相反，相互平行但不共線的一組力量」；
 力偶矩為「力偶中之兩力，對空間中某點位的力矩和計算上，力偶矩
 $\vec{C} = \vec{r} \times \vec{F}$，其中 $\vec{r}$ 為連接兩力之任意向量，如圖五所示。」

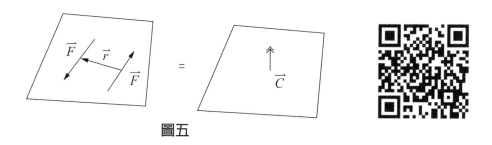

圖五

3-6 力偶與力偶矩例說

例說

如圖兩平行且方向相反的力 $F = 50\text{N}$，d 點為 $\overline{ac}$ 之中點，求 $\vec{C} = ?$

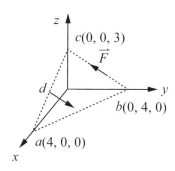

1. 本題可觀察出二 $\vec{F}$ 力在△ abc 平面上形成力偶，故力偶矩之方向必正交
 該平面（凸出紙面方向）。其位置可在△ abc 代表之平面上任意移動。

2. 雖然 $\vec{r}$ 可有無限多種，但本題依已知點情形，力偶矩之計算法有四種如下

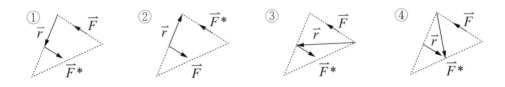

3. 本題擬用為二種演算法，故先計算 d 點座標有 $(\frac{0+4}{2}, \frac{0+0}{2}, \frac{3+0}{2}) = (2, 0, 1.5)$ 故 $\vec{r}_{dc} = [0-2 \quad 0-0 \quad 3-1.5] = [-2\ 0\ 1.5] = \frac{1}{2}[-4\ 0\ 3]$

4. 另外 $\vec{F}*$ 之向量式可有 $\vec{F}* = F \cdot \hat{e}_{bc} = 50 \cdot \frac{[0\ -4\ 3]}{5} = 10[0\ -4\ 3]$

5. 最後代入力偶矩之公式有 $\vec{C} = \vec{r}_{dc} \times \vec{F}* = (10)(\frac{1}{2})\begin{vmatrix} \hat{i} & \hat{j} & \hat{k} \\ -4 & 0 & 3 \\ 0 & -4 & 3 \end{vmatrix} = 5[12\ 12\ 16]$

即 $\vec{C} = 60\hat{i} + 60\hat{j} + 80\hat{k}\ (N \cdot m)$ 為所求。

3-7　力與軸線之最短距離例說

例說

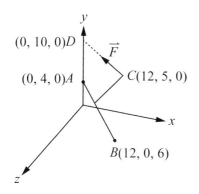

如圖空間中存在一力 $F = 130\ell b$，求：

(1) F 力對 A、B 兩點之力矩 $\overrightarrow{M_A}$、$\overrightarrow{M_B}$

(2) F 力對 AB 軸線之力矩 $\overrightarrow{M_{AB}}$

(3) F 力作用線與 AB 軸線之最短距離

1. 首先，F 力之向量式有 $\vec{F} = 130 \cdot \dfrac{[-12\ 5\ 0]}{13}$，為要計算對 A 點之

   力矩，取 $\vec{r}_{AD} = [0\ 6\ 0]$（取 $\vec{r}_{AC}$ 亦可），故有 $\overrightarrow{M_A} = \vec{r}_{AD} \times \vec{F} = (10)(6)$

   $\begin{vmatrix} \hat{i} & \hat{j} & \hat{k} \\ 0 & 1 & 0 \\ -12 & 5 & 0 \end{vmatrix} = 60[0\ 0\ 12] = 720\hat{k}\ (\ell b \cdot in)$；同理 $\vec{r}_{BC} = [0\ 5\ -6]$（取 $\vec{r}_{BD}$ 亦

   可），故有 $\overrightarrow{M_B} = \vec{r}_{BC} \times \vec{F} = (10) \begin{vmatrix} \hat{i} & \hat{j} & \hat{k} \\ 0 & 5 & -6 \\ -12 & 5 & 0 \end{vmatrix} = 10[30\ 72\ 60] = 300\hat{i} +$

   $720\hat{j} + 600\hat{k}\ (\ell b \cdot in)$

2. 接著先取得軸線之單位向量

   $\hat{e}_{AB} = \dfrac{\overrightarrow{AB}}{|\overrightarrow{AB}|} = \dfrac{[12\ -4\ 6]}{\sqrt{(12)^2 + (-4)^2 + (6)^2}} = \left[\dfrac{6}{7}\ -\dfrac{2}{7}\ \dfrac{3}{7}\right]$

   $\overrightarrow{M_{AB}} = (\overrightarrow{M_A} \cdot \hat{e}_{AB})\hat{e}_{AB} = 720\left(\dfrac{3}{7}\right)\left[\dfrac{6}{7}\ -\dfrac{2}{7}\ \dfrac{3}{7}\right]$

   $= 264.5\hat{i} + (-88.2)\hat{j} + 132.2\hat{k}\ (\ell b \cdot in)$

3. 如圖一中 $\vec{F}$ 對 O 點產生之力矩值為力量乘以力臂,而力臂即 O 點至 $\vec{F}$ 最短距離。

4. 回到本題,應有 $|\vec{M_{AB}}| = \ell \cdot |\vec{F}|$,其中

$|\vec{M_{AB}}| = \sqrt{(264.5)^2 + (-88.2)^2 + (132.2)^2} = 308.6$,

故 $\ell = \dfrac{308.6}{130} = 2.37\ (in)$

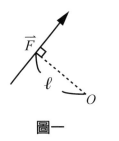

圖一

3-8 等效力系釋義

1. 考慮圖一兩張圖,我們可將左圖在自由端上之 P 力搬至梁中並加上一順時針的 $P\ell$ 力矩,因兩圖之梁所受的外效應相同,故稱彼此為等效力系。

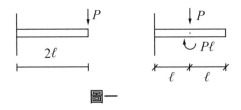

圖一

2. 等效力系定義為兩個(或以上)之力量系統,若可使物體產生相同的外效應則稱之。注意此處的外效應指物體整體的運動狀態,而非內力狀態,譬如圖一左右兩圖的梁,內力分布不同,是材料力學討論的範

圍。

3. 現說明等效力系的理論基礎。圖二爲單一力的一種等效之使用，單一力須包含三個必要特徵：大小、方向和作用線。我們歸納兩種等效方式爲：①將單一力沿作用線移動，如左圖之力將作用點由 A 改至 B；②任意一對大小相同、方向相反且作用在同一點之「力對」，施加前後互爲等效，如右圖在 C 點處之力對。

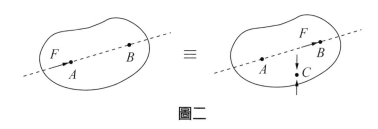

圖二

4. 力量若不在作用線上移動，是否亦可有等效方式？圖三即一種方式，空間中存在單一力 $\vec{F}$ 作用於 A 點，現 B 點施以一大小爲 $|\vec{F}|$ 的力對，其中一個力量與原力形成一力偶，接著將力偶改以力偶矩表示，此三圖均互爲等效力系。

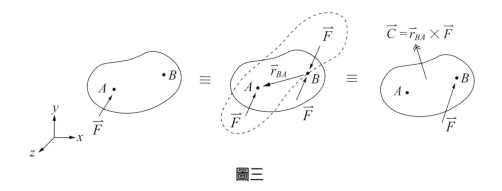

圖三

5. 圖三須注意 $\vec{C}$ 之方向要與「消失的力偶所構成的平面」正交，所以絕

非任意給一組 $\vec{F}$ 和 $\vec{C}$ 就能由右圖推回左圖，然而，此等條件在平面力系中會自動成立，如圖四所示，所有的力量均在 xy 平面上，而力矩之方向必朝向 z 軸，z 軸必與 xy 平面正交，故可知平面力系中若 $\Sigma\vec{F} \neq 0$ ，則最終可等效為一個單一力的型態，如圖四之右圖。

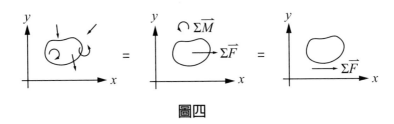

圖四

6. 二維空間中的自由落體即是上開敘述的一種常見例，如圖五所示，設重力方向朝下，則可知每一材料點均受相同方向的力量作用，此力系特稱平行力系，而依上開等效法可改以全部力量加總作用在質心 G 上，此即為何在真空中的物體在自由落體時不打轉之一種力學解釋，因其上沒有力偶矩作用！

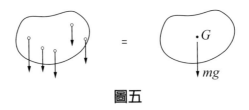

圖五

7. 現探討真實世界中最一般化之情形，如圖六所示，左圖為三維空間物體上承受有任意方向及任意作用點之力量和力矩，現決定將之等效在空間中任一點 Q 上。先以 $\vec{M} = \vec{r} \times \vec{F}$ 之公式，將 $\vec{F}_1$ 及 $\vec{F}_2$ 移至 Q 點並產生一力矩，又因力矩部分可任意移動，故直接移至 Q 點，形成中

圖，最後再以向量加法計算合力和合力矩即成右圖。注意 $\Sigma\vec{C}$ 和 $\Sigma\vec{F}$ 之方向並不一定要正交。

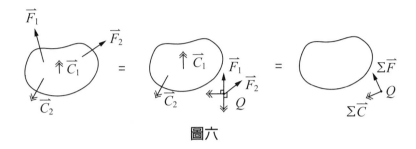

圖六

8. 在許多工程力學的解題中，等效力系往往是起手式，譬如已知空間中存有 A、B 兩力系，如圖七所示，要如何證明兩力系之外效應相同？我們可以找一點 Q，分別計算 A、B 力系等效在 Q 點之情形，若 ΣF 和 ΣC 相同則得證。

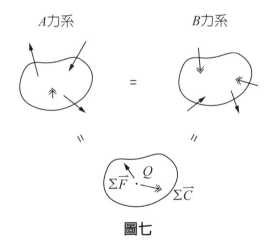

圖七

3-9　等效力系例說之一

例說

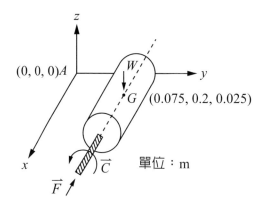

$W = 160\text{N}$

$F = 120\text{N}$

$C = 25\text{N} \cdot \text{m}$

求在 A 點處之等效 $\vec{R}$ 及 $\vec{M}$

1. 本題可看作純粹的數學問題，物體的形態移除仍不影響計算，例如圖一。

2. 先觀察 $\vec{C}$ 之方向，可知其正交於 yz 平面，故應可在此平面上任意平移，亦即將之直接搬回 A 點亦為等效，但 $\vec{W}$ 和 $\vec{F}$ 搬回 A 點應產生力矩，須另外計算。

3. 將 $\vec{F}$ 和 $\vec{W}$ 寫成向量式，搬回 A 點，暫不考慮力矩，則應有

$$\vec{R} = \vec{F} + \vec{W} = 120\,[-1\ 0\ 0] + 160[0\ 0\ -1] = [-120\quad 0\quad -160]$$
$$= -120\hat{i} - 160\hat{k}\,(\text{N})$$

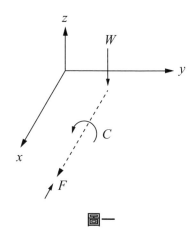

圖一

4. 現考慮 $\vec{F}$ 和 $\vec{W}$ 搬回 A 點所等效之力矩，可自 A 點發出，分別指向 $\vec{F}$ 和 $\vec{W}$ 的作用延伸線，再以該向量和對應的力量外積即可。但本題兩作用線之交點 G 為已知，故可使用 $\vec{r}_{AG}$「一魚二吃」，是以，

$$\vec{M} = \vec{r}_{AG} \times \vec{F} + \vec{r}_{AG} \times \vec{W} + \vec{C} = \vec{r}_{AG} \times (\vec{F} + \vec{W}) + \vec{C}$$

$$= 0.025 (-40) \begin{vmatrix} \hat{i} & \hat{j} & \hat{k} \\ 3 & 8 & 1 \\ 3 & 0 & 4 \end{vmatrix} + 25 \times [1\ 0\ 0] = [-7 \quad 9 \quad 24]$$

$$= -7\hat{i} + 9\hat{j} + 24\hat{k}\ (N \cdot m) \quad 即爲所求$$

3-10　等效力系例說之二

例說

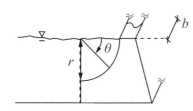

一水壩長 $b = 30$m，$\rho_w = 1000$kg/m^3，剖面如圖所示，$r = 4$m，爲 $\frac{1}{4}$ 圓弧，求此水壩所受之水壓合力大小

1. 本題從力學角度來說，是問如何將分布力等效爲單一力。

2. 先考慮水壓力的特徵，設水壩改爲如圖一所示，存有一底面平面，和一傾斜平面，則水壓力應與水深成正比，故 $f_A = \rho g H$，$f_B = \rho g h$，而方向是與各自的平面正交。

圖一

3. 同理，在弧面上之水壓 ρ 應爲 $\rho g h^*$，其中 h^* 依題意可寫爲 $r \cdot \sin\theta$，如圖二，故壓應力 $\rho = \rho g r \cdot \sin\theta$

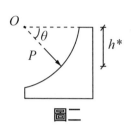

圖二

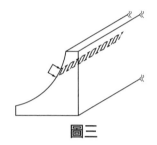

圖三

4. 接著考慮此 P 在弧上作用一小段之壓力，亦即從作用點變成作用面，因尺寸屬微量，可視爲矩形，如圖四之陰影面積，垂直方向以弧長計有 $rd\theta$，縱深方向爲水壩長 b，故一單位弧長面積受壓力 $dF = \rho g r \cdot \sin\theta \cdot (rd\theta \cdot b)$

5. 現要將 dF 沿弧面加總，請注意須分兩個維度處理，爲方便計算，設 $\langle x\ y \rangle$ 如圖四所示，則 dF 在 x 方向分量爲 $dF \cdot \cos\theta$；y 方向分量爲 $dF \cdot \sin\theta$，依題意弧面自水面起算爲 $0°$ 至 $90°$，故有

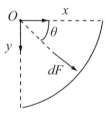

圖四

$$\Sigma F_x = \int dF_x = \int_0^{\frac{\pi}{2}} b\rho g r^2 \sin\theta\cos\theta d\theta$$
$$= \rho g b r^2 \left[\frac{1}{2}(\sin\theta)^2 \right]_0^{\frac{\pi}{2}} = \frac{1}{2}\rho g b r^2 \ ;$$

$$\Sigma F_y = \int dF_y = \int_0^{\frac{\pi}{2}} b\rho g r^2 \sin\theta\sin\theta d\theta = \rho g b r^2 \left[\frac{1}{2}(\theta - \cos\theta\sin\theta) \right]_0^{\frac{\pi}{2}} = \frac{\pi}{4}\rho g b r^2$$

6. 最終將 $\vec{F_x}$ 和 $\vec{F_y}$ 向量加總即可解得 $\vec{F}$，本題僅問合力大小，故直接依畢式定理即可求出，

$$|\Sigma \vec{F}| = \sqrt{(\Sigma F_x)^2 + (\Sigma F_y)^2} = \sqrt{\left(\frac{1}{4} + \frac{\pi}{16}^2 \right)(\rho g b r^2)}$$
$$= 0.93(1000)(9.8)(30)(4)^2 \cdot 10^{-3} = 4380(\text{kN})$$

3-11　靜平衡方程式釋義（引入牛頓第一及第二運動定律）

1. 牛頓第一運動定律是「若質點所受之合力 $\Sigma\vec{F}$ 為零，則靜者恆靜，動者恆作等速度直線運動」，在工程力學中，我們應先肯定物體中各質點靜止，才有 $\Sigma\vec{F}=0$ 之適用，此狀態稱「靜平衡」。

2. 如圖一所示，現考慮由質點組成之任意形狀剛體，上有各式負載且已知為靜平衡，我們可由等效力系原理及牛頓第二運動定律 $\Sigma\vec{F}=m\vec{a}$ 及 $\Sigma\vec{M}=I\vec{\alpha}$ 證得 $\Sigma\vec{F}$ 和 $\Sigma\vec{M}_G$ 作用在質心 G 上，且 $\Sigma\vec{F}$ 和 $\Sigma\vec{M}_G$ 均為零向量。接著於空間中定任意一點 Q，依等效力系原理可知 Q 點上之 $\Sigma\vec{F}$ 和 $\Sigma\vec{M}_G$ 亦為零向量，數學上寫為若已知剛體靜平衡，則 $\begin{cases}\Sigma\vec{F}\equiv 0 \\ \Sigma\vec{M}_G\equiv 0\end{cases}$（對任意點 Q）

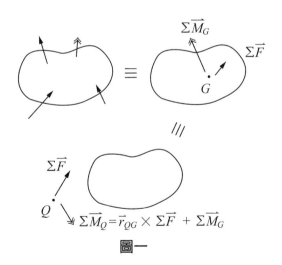

$$\Sigma\vec{M}_Q=\vec{r}_{QG}\times\Sigma\vec{F}+\Sigma\vec{M}_G$$

圖一

3. 在三維空間中成立的定理，二維空間也必成立，現考慮一平面空間中的剛體，給定〈x y〉如圖二所示，上有各項負載且已知靜平衡，故對於空間中任一點 Q，應有

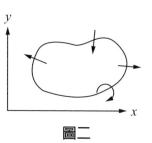

圖二

$$\begin{cases} x：\Sigma \vec{F}_x = 0 \\ y：\Sigma \vec{F}_y = 0 \\ z：\Sigma \vec{M}_Q = 0 \end{cases}$$ ，此即最常使用之靜平衡方程式！

4. 靜平衡方程式亦有三種變化型在特定情形下成立，以下分別討論：

   (1) $\Sigma \vec{F}_x = 0$、$\Sigma \vec{M}_A = 0$ 及 $\Sigma \vec{M}_B = 0$ 是否能保證剛體靜平衡？其實不然！如圖三所示，若 A、B 二點連線恰與 y 軸平行，則沿此連線施以 $\vec{F'}$ 力並不違反上開三條方程式，但 $\Sigma \vec{F} \neq 0$，故應在加上「A、B 兩點連線不與 y 軸平行」之額外限制。

   (2) 同理，$\Sigma \vec{F}_y = 0$、$\Sigma \vec{M}_A = 0$ 及 $\Sigma \vec{M}_B = 0$ 亦再加上「A、B 二點連線不與 x 軸平行」之額外限制，否則將出現如圖四之反例。

   (3) 至於 $\Sigma \vec{M}_A = 0$、$\Sigma \vec{M}_B = 0$ 及 $\Sigma \vec{M}_C = 0$ 又如何呢？我們可以直接設想一反例如圖五所示，當 A、B 及 C 三點共線時，設若 $\vec{F'}$ 作用線同時過 A、B 及 C 三點，則雖符合上開三條方程式，但 $\Sigma \vec{F} \neq 0$，故應再加上「A、B 及 C 三點不共線」之額外限制。

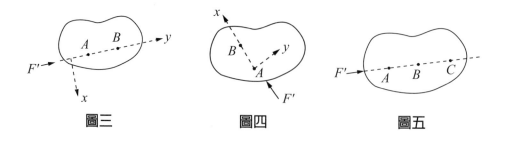

圖三   **圖四**   **圖五**

5. 以下兩例題請讀者自行練習，切勿死背額外限制條件，以反證法應對即可：

例說

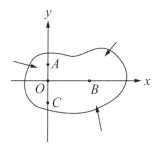

已知物體靜平衡，下列何種靜平衡方程式組合可確保有效？

① $\begin{cases} \sum F_x = 0 \\ \sum M_B = 0 \\ \sum M_A = 0 \end{cases}$ ② $\begin{cases} \sum M_O = 0 \\ \sum M_A = 0 \\ \sum M_B = 0 \end{cases}$ ③ $\begin{cases} \sum M_O = 0 \\ \sum M_A = 0 \\ \sum M_C = 0 \end{cases}$

Ans：①②

例說

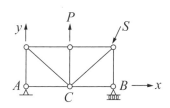

已知系統靜平衡，下二式是否必可求解出反力？

① $\begin{cases} \sum F_x = 0 \\ \sum M_B = 0 \\ \sum M_A = 0 \end{cases}$ ② $\begin{cases} \sum M_A = 0 \\ \sum M_B = 0 \\ \sum M_C = 0 \end{cases}$

Ans：①可以②不可以

3-12　常見的支承與接續（引入牛頓第三運動定律）

1. 基於直觀經驗，「構造物連接於地球上」意指構造物和地球之間相對靜止，此時二物可視爲同一物體，用切面法切開將有內力，哪個方向無法相對移（轉）動，在那個方向就會生出相對的力（力矩），三維空間中有 x、y 及 z 軸可考慮移動和轉動，故有 6 種內力型式 F_x、F_y、F_z、M_x、M_y 及 M_z。

2. 我們稱地球爲「支承」，而切開所生之內力稱「支承反力（矩）」，物體內若有部分節點可供移動或轉動，則稱爲「接續」。將構造物和地球分離並加上支承反力之圖稱「自由體圖」（FBD: Free Body Diagram）。

3. 以下爲常見的支承及接續

名稱	圖示	力學符號	說明
光滑支承 滾支承	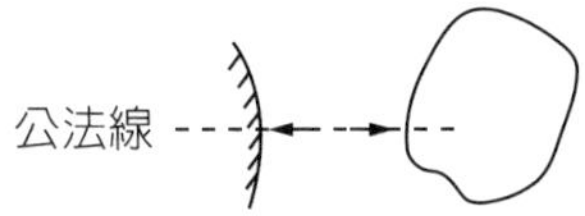	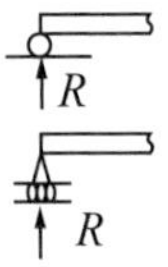	以接觸點之公切面正交方向爲公法線，物體與支承在線上無法相對移動（一向度）。
鉸支承	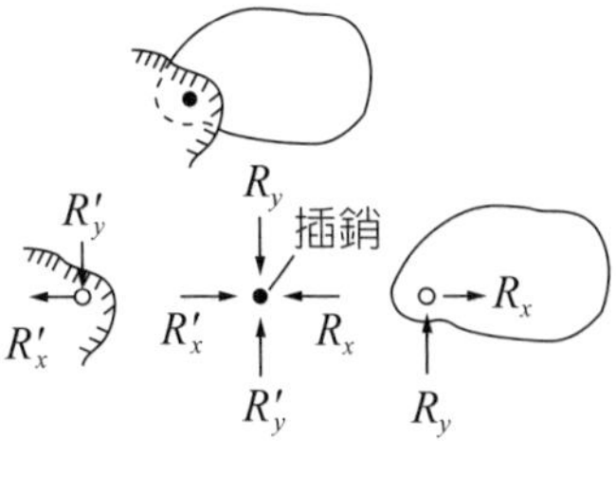	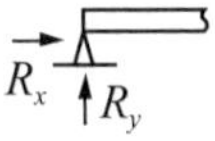	(1)物體和插銷、插銷和地球無法相對移動（二向度），前者有 R_x、R_y；後者有 R'_x、R'_y，本例 $R_x = R'_x$，$R_y = R'_y$，故不取出插銷分析，逕看作物體和地球在 x 及 y 方向無法相對移動即可。

名稱	圖示	力學符號	說明
鉸接續			(2)插銷如同時符合以下 4 個條件則可不必取出分析： ①插銷靜平衡 ②不受集中外力作用其上 ③自身不計質量 ④只有兩物體相連
固定端			固定端可視為物體和地球為同一物體，沿相連面切開和將物體自身切開沒什麼不同。

3-13　二力構件釋義

1. 空間中若已知某物體靜平衡，其上之負載無力偶矩作用，而其他單一力只通過物體中某 2 個任意材料點如圖一所示，則稱此物體為「二力構件」。

2. 依照等效力系原理，可分別將通過 2

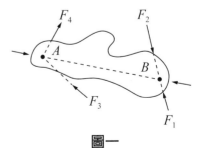

圖一

點之力量群用向量加法合成,如圖一之 $\Sigma \vec{F}_A = \vec{F}_3 + \vec{F}_4$;$\Sigma \vec{F}_B = \vec{F}_1 + \vec{F}_2$,此時又因已知物體靜平衡,故 $\Sigma \vec{F}_A + \Sigma \vec{F}_B = 0$,故可知兩力作用點之合力必為一對大小相等、方向相反且沿兩點連線作用之力,我們稱此連線為「軸向」,而此構件以切面法任意切開也只有「軸向力」。注意此軸向上不一定須存有材料,可為虛構線。

3. 二力構件的判斷多在靜平衡方程式使用之前為之,可減少未知數數量進而簡化計算,以下即一說明例:

例說

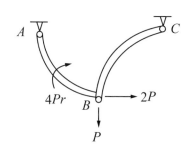 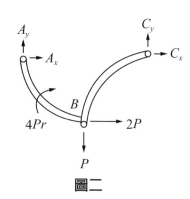

如圖所示結構,桿重不計,試求解支承反力(僅需說明解題流程)

圖二

(1) 在未判斷 BC 桿為二力構件時,繪自由體圖如圖二,如此未知數有 A_x、A_y、C_x 及 C_y 計 4 個,但靜平衡方程式只有 3 條,數學上無法求解,故需分解成圖三,注意因插銷上受有外力故應取出分析,而 P 與 $2P$ 即繪在插銷上。再次檢討有未知數 A_x、A_y、C_x、C_y、B_x、B_y、B'_x 及 B'_y 8 個,而方程式有 AB 桿 3 條 +BC 桿 3 條 +B 點插銷 2 條(共點力系不存在合力矩等於零之方程式)計 8 條,是以,數學上變為可解!

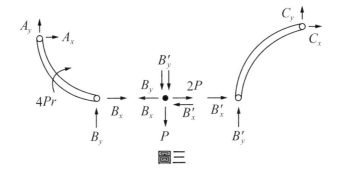

圖三

(2) 現逐一檢討各桿是否爲二力構件？

AB 桿因上有力偶矩作用故非二力構件，而 BC 桿符二力桿件的條件，是以，C 點反力之方向必通過 BC 連線之軸向上如圖四所示。現檢討有未知數 A_x、A_y 及 R_C，而方程式有 3 條，故在數學上可直接求解。判

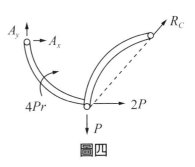

圖四

斷出二力構件將減少切面法的分析和簡化方程式聯立之過程，任何靜力學題目均應以判斷二力構件爲起手式，請多注意。

3-14 靜平衡方程式的使用步驟及例說之一

例說

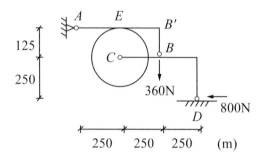

一靜平衡系統如圖，不計各物件質量，忽略摩擦力，試求：

(a)A、D兩處支承反力

(b)B點插銷作用於AB桿及CD桿之內力

(c)若將360N移至B'點，上兩子題答案為何？

1. 在解這題之前，先研究其力學符號，如圖一所示，本題B處接續屬第一行，由二根桿件組成，意即「AB桿與CD桿在B處不可發生上下之相對移動」。

力學符號	圖示
⊥	⊥
⊥	⊥

圖一

2. 解題流程如下：

Step 1 　繪「整體FBD」兼判別二力構件

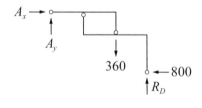

本題分為AB桿及CD桿，AB桿於E處有受力，CD桿於B處有受力，故無二力構件。未來解題若無二力構件，將省略此步不寫，但讀者仍應自行判斷！

Step 2 　檢查方程式與未知數的數量

方程式：3，未知數：A_x、A_y、R_D，⇒ 建立靜平衡方程式有

$\sum \vec{F_x} = 0$：$A_x - 800 = 0$、$\sum \vec{F_y} = 0$：$A_y - 360 + R_D = 0$、$\sum \vec{M_A} = 0$：

$-360(500) - 800(375) + R_D(750) = 0$ 可解出 $A_x = 800\text{N}$（→），

$A_y = 280\text{N}$（↓），$R_D = 640\text{N}$（↑）

Step 3 若 $\begin{cases} \text{方程式數目} < \text{未知數數目} \\ \text{題目特別指定分析某處內力} \end{cases}$，則從該內力之接續處拆開繪

「部分 FBD」，注意圖二中虛線之 B_{x1} 出現兩次，互為作用

力與反作用力，B_{y1} 亦同。檢查 AB 桿和插銷方程式與未知數

數量

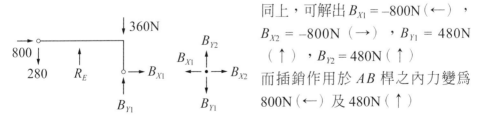

未知數：R_E、B_{X1}、B_{Y1}、B_{X2}、B_{Y2}

方程式：$3 \times 1 + 2 = 5$

$\Rightarrow$ 可解出 $B_{X1} = -800\text{N}$（←），$B_{X2} = -800\text{N}$（→），$B_{Y1} = 120\text{N}$（↑），

$B_{Y2} = 480\text{N}$（↓），R_E 略

至此，插銷作用於 AB 桿之內力為 800N（←）及 120N（↑）；

作用於 CD 桿之內力為 800N（→）及 120N（↓）

3. 本題 $360N$ 移至 B' 點

同上，可解出 $B_{X1} = -800\text{N}$（←），$B_{X2} = -800\text{N}$（→），$B_{Y1} = 480\text{N}$（↑），$B_{Y2} = 480\text{N}$（↑）

而插銷作用於 AB 桿之內力變為 800N（←）及 480N（↑）

可知外力沿作用線移動，外效應（支承反力）不

變，內效應（內力）改變！

3-15 靜平衡方程式例說之二

例說

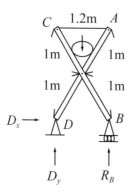

如圖所示之結構
球重 $W = 12N$，$r = 0.225m$，AC 為一段繩索，不計摩擦力，已知系統靜平衡，求繩之張力

1. 在繪整體自由體圖時，為節省作答時間，我們可直接將支承反力標於題目上如 D_x、D_y 及 R_B，接著以靜平靜方程式解得 $D_x = 0$，$D_y = 6N$（↑），$R_B = 6N$（↑）

2. 此題問繩之張力，是問內力，須使用切面法，取 BC 桿之自由體圖，如圖一所示，檢討未知數有 T、F、O_x 及 O_y 無法求解，故再取球之自由體分析如圖二所示，因屬平面共點力系，方程式 2 條，未知數 2 個可解得 $F = \dfrac{W}{2\,(0.6)} = 10N$

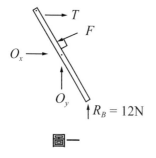

圖一

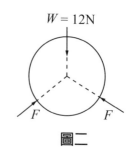

圖二

3. 再返回圖一因未知數僅剩下 3 個，取 $\Sigma M_O = 0$ 之方程式，因 O_x 和 O_y 均通過 O 點，力臂為零不生力矩，故有 $-T(0.8) + 6(0.6) + 10(0.225)\left(\dfrac{8}{6}\right)$ $= 0 \Rightarrow T = 8.25N$（張力），即為所求。

4. 本題若直接將繩索以切面法取出會如圖三所示，$\Sigma F = 0$ 而有 $T - T = 0$ 之無效方程式，故此題要分析 T，只能「剪一邊」；上開解法係取 BC 桿，那取 AD 桿又如何？讀者可自行練習，答案相同。

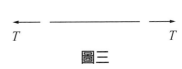

圖三

3-16　三維空間中的靜平衡方程式例說之一

例說

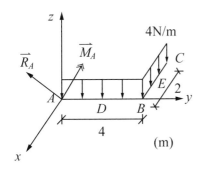

一 L 型桿件 ABC，

A 為固定端，

C 為自由端，均布負載均朝 $-z$ 向，

求 A 點之反力及反力矩

（D、E 分別為兩桿之中點）

1. 如前所述，若物體靜平衡，則有 $\Sigma\vec{F} = 0$，$\Sigma\vec{M} = 0$，若引入 $\langle x\ y\ z\rangle$ 則可有 6 條方程式。

2. 本題繪整體自由體圖如圖一所示，「固定端」意指桿件在 A 點處與地球相連，不可發生任何方向之相對移動和轉動，故應有 $\vec{R}_A$ 及 $\vec{M}_A$。另外，均布負載亦先等效為單一力。

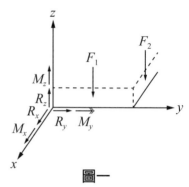

圖一

3. 將各力量和力矩寫成向量式有 $\vec{F}_1 = [0\ 0\ -16]$，$\vec{F}_2 = [0\ 0\ -8]$，$\vec{R}_A = [R_x\ R_y\ R_z]$ 及 $\vec{M}_A = [M_x\ M_y\ M_z]$，檢討方程式有 6 條，未知數有 6 個，恰可求解。

4. 建立靜平衡方程式並求解

$$\Sigma\vec{M} = 0 : \vec{C}_A = \vec{M}_A + \vec{r}_{AD} \times \vec{F}_1 + \vec{r}_{AE} \times \vec{F}_2$$

$$= \vec{M}_A + (16)(2)\begin{vmatrix} \hat{i} & \hat{j} & \hat{k} \\ 0 & 1 & 0 \\ 0 & 0 & -1 \end{vmatrix} + (8)(1)\begin{vmatrix} \hat{i} & \hat{j} & \hat{k} \\ -1 & 4 & 0 \\ 0 & 0 & -1 \end{vmatrix}$$

$$\Rightarrow \begin{cases} x : M_x - 32 - 32 = 0 \Rightarrow M_x = 64N \cdot m \\ y : M_y - 8 = 0 \Rightarrow M_y = 8N \cdot m \\ z : M_z = 0 \end{cases}$$

$$\Sigma\vec{F} = 0 : \vec{R}_A + \vec{F}_1 + \vec{F}_2 = 0 \Rightarrow \begin{cases} x : R_x = 0 \\ y : R_y = 0 \\ z : R_z - 16 - 8 = 0 \Rightarrow R_z = 24N \end{cases}$$

3-17 三維空間中的靜平衡方程式例說之二

例說

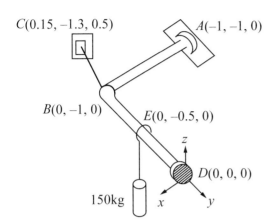

左圖 A 支承設計爲只能防止桿件在 A 處發生 y 及 z 方向的相互移動，z 方向爲向天，求 CB 繩索所受張力

1. 依題意 A 支承無法防止桿件與地球在 A 處發生相互轉動及 x 方向之相互移動，故 $\overrightarrow{M_A}=0$，$\overrightarrow{R_A}$ 之 x 方向分量爲零；另 D 支承稱「球窩支承」，可直觀推定無法防止桿件與地球在 D 處發生相互轉動，故 $\overrightarrow{M_D}=0$；最後，B 處繩索提供之反力爲向外之單一力，其方向即 $\overrightarrow{BC}$ 之單位向量，而值爲未知數。

2. 繪出整體自由體圖如圖一所示，檢討未知數有 T、A_y、A_z、D_x、D_y、D_z，而方程式有 6 條，故可列式求解！

3. 將力量寫成向量式：

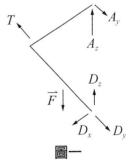

圖一

$$\vec{T} = \overrightarrow{T} \cdot \frac{\overrightarrow{BC}}{|\overrightarrow{BC}|} = \frac{T}{\sqrt{145}}[3 \ {-6} \ 10]$$

$$\overrightarrow{R_A} = [0 \ A_y \ A_z] \ \text{、} \ \overrightarrow{R_D} = [D_x \ D_y \ D_z] \ \text{、} \ \overrightarrow{F} = 150(9.81)[0 \ 0 \ {-1}]$$

4. 建立靜平衡方程式並解繩之張力 T

$$\Sigma \vec{M}_D = 0 : \vec{r}_{DB} \times \vec{T} + \vec{r}_{DE} \times \vec{F} + \vec{r}_{DA} \times \vec{R}_A = 0$$

$$\Rightarrow \begin{cases} x : -A_z - \dfrac{10T}{\sqrt{145}} + 735.75 = 0 \\ y : A_z = 0 \end{cases}$$

$$\Rightarrow T = 885.96 (N)$$

5. 此處計算所得 T 為正值，代表方向與原假設之 $\overrightarrow{BC}$ 方向同向，屬於張力，而繩索僅能承受張力，故合理。

3-18　三維空間中的靜平衡方程式例說之三

例說

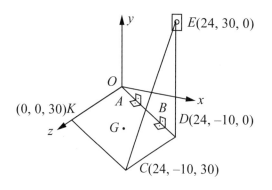

左圖在 $\langle x\ y\ z \rangle$ 空間存有一均質平板，$\overline{W} = 100 \ell b$，其中 A、B 兩處均為鉸鏈，求 CE 繩張力 T

1. 本題所稱「均質」平板，意即重心和形心為同一點，故重力可等效為重量 W 作用在 G 點處向下（負 y 軸方向），其中 G 點座標為四角座

標取平均故有 ($\dfrac{0+0+24+24}{4}$, $\dfrac{0+0-10-10}{4}$, $\dfrac{0+30+30+0}{4}$) = (12, −5, 15)。另外 A 及 B 鉸鏈使系統存在 $\vec{M}_{OD} = 0$

2. 寫出各向量式及算力矩所需之位置向量：

$$\vec{T} = T \cdot \frac{\vec{r}_{CE}}{|\vec{r}_{CE}|} = \frac{T}{5}[0\ 4\ -3]，\vec{W} = 100[0\ -1\ 0]$$

$$\vec{r}_{OC} = [24\ -10\ 30]，\hat{e}_{OD} = \left[\frac{12}{13}\ \frac{-5}{13}\ 0\right]，\vec{r}_{OG} = [12\ -5\ 15]$$

3. 建立靜平衡方程式並求解

$$\Sigma\vec{M}_{OD} = 0：(\vec{r}_{OC} \times \vec{T} + \vec{r}_{OG} \times \vec{W}) \cdot \hat{e}_{OD} = 0$$

其中 $\vec{r}_{OC} \times \vec{T} = \dfrac{2}{5}T \cdot \begin{vmatrix} \hat{i} & \hat{j} & \hat{k} \\ 12 & -5 & 15 \\ 0 & 4 & -3 \end{vmatrix} = \left[-18T\ \dfrac{72}{5}T\ \dfrac{96}{5}T\right]$

$\vec{r}_{OG} \times \vec{W} = 100\begin{vmatrix} \hat{i} & \hat{j} & \hat{k} \\ 12 & -5 & 15 \\ 0 & -1 & 0 \end{vmatrix} = [1500\ 0\ -1200]$

故 $(\vec{r}_{OC} \times \vec{T} + \vec{r}_{OG} \times \vec{W}) \cdot \left[\dfrac{12}{13}\ \dfrac{-5}{13}\ 0\right] = 0$

$\Rightarrow (-18T + 1500) \cdot \dfrac{12}{13} + \left(\dfrac{72}{5}T\right) \cdot \left(\dfrac{-5}{13}\right) + \left(\dfrac{96}{5}T - 1200\right) \cdot (0) = 0$

$\Rightarrow -18T + 1500 - 6T = 0$

$\Rightarrow T = 62.5(\ell b)$

3-19 桁架、零力桿件、恆零桿件及互等桿件釋義

1. 桁架被定義爲全由二力構件所組成的結構系統，其特性有以下 6 點：
   (1) 桿件形狀可任意構形，但內力只存有軸向單一力；(2) 使用軸力的符號系統，正表拉力、負表壓力；(3) 一根桿件可看作一單一力，反之亦然；(4) 構件本體需忽略自重；(5) 每一節點即爲一共點力系且節點與桿件間不計摩擦力；(6) 所受之外加負載僅能作用在節點上，且不能承受外加力矩。

2. 零力桿件指桿件的內力爲零，有二型，其一如圖一所示，由二根方向不同的桿件組成，其節點上無外加負載，爲何其內力必爲零？使用反證法說明如右：若 $S_2 \neq 0$，則依靜平衡方程式 $\Sigma \vec{F} = 0$，其他內力必然合力要與 S_2 反向，但現僅存在一不可能反向之內力 S_1，故 S_2 必非不等於零，意即 $S_2 = 0$。又已知 $S_2 = 0$，S_1 也必爲零。

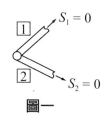

圖一

3. 在講解零力桿件第二型前先研究互等桿件如圖二所示，由多組正、反向兩兩桿件組成，依靜平衡方程式可知 $S_1 = S_3$，$S_2 = S_4$，稱①、③及②、④分別爲互等桿件。

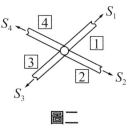

圖二

4. 圖三之③桿內力爲零，此即零力桿件第二型，當節點上存有互等桿，將之去除後僅存之一支，該支桿必爲零力桿。

5. 圖四中的①桿內力恆零，是因兩端均連結在鉸支承上，而 A、B 兩支承之間距不論桁架如何受力均不變，故①桿必不伸縮，無變形即無內應力，可直接判定爲零力桿件，因此類零桿與負

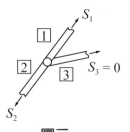

圖三

載無關,故又稱「恆零桿件」。但尚須注意
其上不可有其他與外力無關的變形因素,如
預力或溫差等。

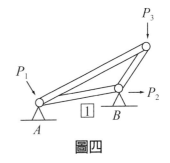

圖四

3-20 平面桁架解題步驟及例說

例說

下圖為一靜定桁架,如圖所示加載外力。試求此桁架受力後 A、C 支承反力 A_X、A_Y、C_X、C_Y,及 a 桿、b 桿、c 桿之內力 S_a、S_b、S_c(各內力需說明為張力或壓力)。

1. 以下說明解題步驟:

Step 1 判別是否為靜定桁架;本題已直接告知是靜定。如為靜不定桁架則無法透過單純的內力分析求解。判別方法屬結構學範圍後詳。

Step 2 由整體 FBD 解出支承反力:本題考慮對稱性可知 $A_y = 2P$,$C_y = 2P$,但 $A_x + C_x = 0$ 屬無效方程式,暫無法解出其值。

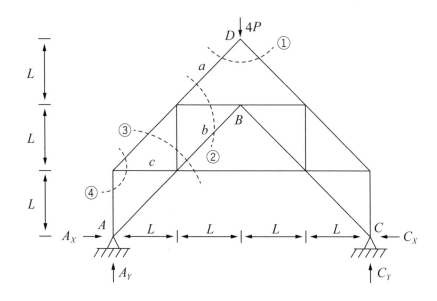

Step 3 判別零力桿件或恆零桿件：本題查無該等桿件

Step 4 利用節點法或切面法進行沙盤推演：本題可以圖示之①、
②、③、④步驟之切面法解得 a、b 及 c 桿內力，其中①及④
取出的自由體僅有一節點，故又稱節點法。每次切出之自由
體圖，未知數數量應少於或等於靜平衡方程式數量，例如節
點法爲共點力系，方程式數量爲 2，故最多僅能出現 2 個未
知內力，而切面法爲平面力系，方程式數量爲 3，故最多僅
能出現 3 個未知內力。每一次使用切面法或節點法都能使部
分未知內力變爲已知，故沙盤推演有承先啓後的作用，非常
重要。

Step 5 確定可求得題目要求之內力後實際列式求
解：本題答案爲

$A_x = P\,(\rightarrow)$、$C_x = P\,(\leftarrow)$、$S_a = -2\sqrt{2}\,P\,(壓$
$力)$、$S_b = 0$、$S_c = P\,(拉力)$

3-21 三維空間中靜定桁架內力分析例說

例說

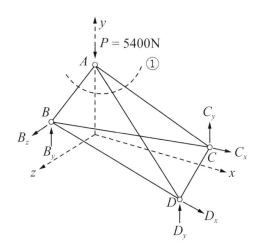

左圖桁架，A 點受到 y 方向 P 力，

$A(0, 3, 0)$、$B(-1.6, 0, 0)$、

$C(2, 0, -1.2)$、$D(2, 0, 1.2)$

求 (1) 支承反力 B_y、B_z、C_x、

　　　　C_y、D_x、D_y

　　(2) S_{AB} 和 S_{AD}

1. 桁架內力分析使用切面法切開桿件時，僅會產生軸力，且該力之方向為該桿兩節點連線的位置向量，故未知數通常僅有內力值而已。

2. 本題先將各外力寫成向量式：$\vec{P} = 5400[0\ -1\ 0]$、$\vec{R_B} = [0\ B_y\ B_z]$、
$$\vec{R_C} = [C_x\ C_y\ 0]、\vec{R_D} = [D_x\ D_y\ 0]$$

3. 檢討未知數與方程式數量均為 6，故可解出各反力如下：

$$\Sigma \vec{M_B} = 0：\vec{r}_{BA} \times \vec{P} + \vec{r}_{BC} \times \vec{R_C} + \vec{r}_{BD} \times \vec{R_D} = 0$$

$$\Rightarrow \begin{cases} x：1.2C_y - 1.2D_y = 0 \\ y：-1.2C_x + 1.2D_x = 0 \\ z：-(1.6)(5400) + 3.6C_y + 3.6D_y = 0 \end{cases}$$

$$\Rightarrow C_y = 1200N、D_y = 1200N（另有 D_x - C_x = 0）$$

$$\Sigma \vec{F} = 0：\vec{P} + \vec{R_B} + \vec{R_C} + \vec{R_D} = 0$$

$$\Rightarrow \begin{cases} x：D_x + C_x = 0 \\ y：-5400 + C_y + D_y + B_y = 0 \\ z：B_z = 0 \end{cases}$$

$\Rightarrow C_x = 0 \cdot B_y = 3000\text{N} \cdot B_z = 0 \cdot D_x = 0$

4. 以切面法將 A 點取出如①之虛線，三維空間之共點力系有 $\sum \vec{F} = 0 : \vec{P}$

$+\vec{S}_{AB}+\vec{S}_{AD}+\vec{S}_{AC} = 0$，分別將內力寫成向量式，例如 $\vec{S}_{AB} = |\vec{S}_{AB}| \cdot \dfrac{\vec{r}_{AB}}{|\vec{r}_{AB}|}$，

注意位置向量應採內力符號系統向外爲正，即 A 朝 B 爲向外，確保解

得之正號表拉力，負號表壓力。如此有 3 條方程式解 3 個未知數，可

解得 $S_{AB} = -3400\text{N}$（壓力）、$S_{AD} = -1520\text{N}$（壓力）

3-22　承受集中力的纜索例說之一

例說

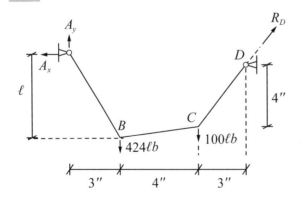

左圖爲纜索，在 B 及 C 處受有向下集中力，求各端張力及 ℓ

1. 在解此題前先思考下，若題目不告知是纜索，當作桁架求解是否可行？可！亦即承受集中力的纜索其實可視爲「只能承受張力的桁架」！

本題 AB、BC 及 CD「桿」均可視為二力構件，內力為拉力，其值未定。

2. 繪整體自由體圖，因 CD 段為二力構件，由 $D_x : D_y = 3 : 4$，合成為 R_D 之單一力，至於 A 處支承反力，雖知 $A_x : A_y = 3 : \ell$，但因 ℓ 為未知數，故還是將 A_x 和 A_y 繪出，請注意方向須以 AB 段繩張力方向為正，較易計算。檢討有 A_x、A_y 及 R_D 3 個未知數，方程式 3 條可列式解得 $R_D = 290(\ell b)$，$A_x = 174(\ell b)$、$A_y = 292(\ell b)$，而 R_D 又可拆解成 $D_x = 174(\ell b)$、$D_y = 232(\ell b)$；另 A_x 和 A_y 可反推回尺寸 $\ell = 5.034''$！

3. 現分析各段張力，當作桁架施以切面法或節點法即可

(1) AB 段

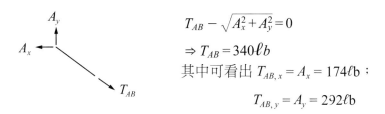

$$T_{AB} - \sqrt{A_x^2 + A_y^2} = 0$$
$$\Rightarrow T_{AB} = 340 \ell b$$
其中可看出 $T_{AB,x} = A_x = 174\ell b$；
$$T_{AB,y} = A_y = 292\ell b$$

(2) BC 段

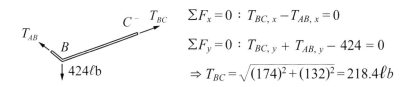

$$\Sigma F_x = 0 : T_{BC,x} - T_{AB,x} = 0$$
$$\Sigma F_y = 0 : T_{BC,y} + T_{AB,y} - 424 = 0$$
$$\Rightarrow T_{BC} = \sqrt{(174)^2 + (132)^2} = 218.4\ell b$$

(3) CD 段

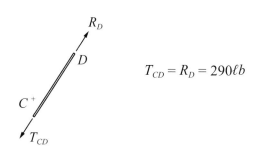

$$T_{CD} = R_D = 290\ell b$$

4. 本題依結論可看出各段纜索內力在水平方向的分力均為 $174\ell b$，可旁證「纜索任意斷面上的水平方向分力為定值」

5. 承上可知纜索之最大張力必發生在「索之線形斜率絕對值最大」之段，如 AB 段之斜率為 $\left|\dfrac{5.034}{3}\right|$ 為最大，故有最大張力 $T_{max} = 340\ell b$

3-23　承受集中力的纜索例說之二

例說

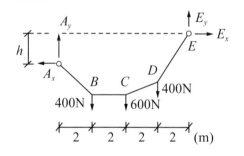

如左圖為一纜索，已知 BC 段為水平，$h_{DE} > h_{AB} > h_{CD} > h_{BC} = 0$，$T_{max} = 2600\text{N}$，求 $h = ?$

1. 按前節索之線形斜率愈大則張力愈大，可知若有某段纜索為水平，可推定該段所受之張力最小！

2. 由整體 FBD，檢討未知數有 5 個，方程式僅有 3 條，可知必須引用「BC 段為水平」和「$T_{max} = 2600\text{N}$」之條件才能求解，是以，切

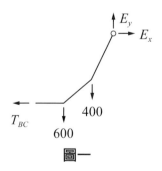

圖一

面法切出 BC 段內力，取 $C \sim E$ 之分離體圖如圖一，以 $\Sigma F_y = 0$ 解得 $E_y = 1000\text{N}$（↑），此時用掉了「BC 段為水平」之條件減少了 1 個未知數。

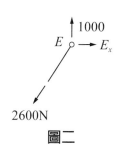

3. 接著，因為 h_{DE} 為各段最大縱距，又橫距均為 2m，故 DE 段斜率最大，可知 $T_{DE} = T_{max} = 2600\text{N}$，故切出 DE 段內力，取 E 點節點如圖二，以 $\Sigma F_x = 0$ 解得 $E_x = 2400\text{N}$，此即用掉了「$T_{max} = 2600\text{N}$」之條件！

圖二

4. 回到整體 FBD，以 $\Sigma M_A = 0$ 有 $-E_x(h) + E_y(8) - 400(6) - 600(4) - 400(2) = 0$，解得 $h = 1(\text{m})$

3-24 承受分布力纜索例說之一

例說

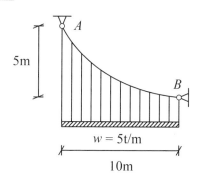

如左圖為一纜索，B 端索之切線與水平方向夾角為 $10°$，求 T_{max}

1. 本題為一承受分布力 5t/m 向下的纜索。

2. 我們使用「積分法」求解，其精神是自訂〈$x\,y$〉，使用 $y'' = \pm \dfrac{w}{T_o}$ 之公式，其中 y'' 為 y 方向線形的二次微分，w 以向下為正，T_o 是繩張力在水平方向的分力，注意〈$x\,y$〉的原點須設在支承上，至於方向可自由假設，然後以圖一所示人工校正正負號。

3. 本題定 $\langle x\,y \rangle$ 如右：$x \xleftarrow{} \overset{y}{\underset{}{\circ}} B$，有 $w(x)=5$，故依

   公式有 $y''=+\dfrac{w}{T_o}$，「正號」依由圖一之第二象

   限人工加上。

   右上圖：

$y''=+\dfrac{w}{T_o}$	$y''=+\dfrac{w}{T_o}$
$y''=-\dfrac{w}{T_o}$	$y''=-\dfrac{w}{T_o}$

   圖一

4. 將 $y''=+\dfrac{w}{T_o}$ 積分二次有 $y'=\dfrac{w}{T_o}(x+C_1)$；

   $$y=\dfrac{w}{T_o}\left(\dfrac{x^2}{2}+C_1x+C_2\right)$$

5. 檢討未知數有 T_0、C_1 和 C_2 三個，考慮邊界條件，首先 A 和 B 點的
   支承位置有 $x=0$ 時 $y=0$；$x=10$ 時 $y=5$，接著題意有 $x=0$ 時 $y'=$
   $\tan 10°=0.18$，故有 3 條方程式得列式求解：

   $x=0$，$y=0$：$0=\dfrac{5}{T_o}(C_2)$；$x=10$，$y=5$：$5=\dfrac{5}{T_o}(50+10C_1+C_2)$

   $x=0$，$y'=0.18$：$0.18=\dfrac{5}{T_o}(C_1)$

   聯立解得 $C_1=2.8125$、$C_2=0$、$T_o=78.125(t)$

6. 本題問 T_{max}，已知發生位置為線形最陡處，可觀察出應為 A 點，故利

   用 $y'(x)$ 公式得 $y'(x)=\tan\theta=\dfrac{5}{78.125}(10+2.8125)\Rightarrow\theta\doteqdot39.35°$，考慮以下

   力之分解圖 $\Rightarrow$ $\overset{T_{max}}{\underset{T_o}{\searrow}}$ 39.35°：$T_{max}(\cos 39.35°)=T_o\Rightarrow T_{max}=101.03(t)$

7. 本題亦可使用其他 $\langle x\,y \rangle$ 如 $A\overset{}{\underset{y}{\xrightarrow{\;x\;}}}$ 、 $\underset{A}{\overset{y}{\xleftarrow{\;x\;}}}$ 、 $x\xleftarrow{}\overset{}{\underset{y}{\circ}} B$ ，答案相同，
   讀者可自行練習

3-25　承受分布力纜索例說之二

例說

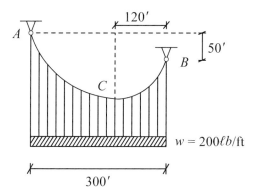

若已知 C 點最低點，求 A、B 兩端纜索張力

1. 本題與上題不同之處在於最低點存在於纜索上，此處有一拘束條件為 $y' = 0$。

2. 定座標系：$\overset{x \leftarrow\ \circ B}{\underset{y}{\big\downarrow}}$，且有 $w = 200$，再次強調 w 以向下為正

3. 令 T_o 為繩在 x 向之分力，故有 $y'' = -\dfrac{w}{T_o}$，注意纜索位於第三象限須人工加上負號，接著連續積分二次有 $y' = -\dfrac{w}{T_o}(x + C_1)$、

   $y = -\dfrac{w}{T_o}\left(\dfrac{x^2}{2} + C_1 x + C_2\right)$

4. 考慮邊界條件

   $x = 0$，$y = 0$：$0 = C_2$

   $x = 120$，$y' = 0$：$0 = -\dfrac{200}{T_o}(120 + C_1)$

   $x = 300$，$y = -50$：$-50 = -\dfrac{200}{T_o}\left[\dfrac{1}{2}(300)^2 + C_1(300)\right]$

   $\Rightarrow C_1 = -120$，$C_2 = 0$，$T_o = 36000\ell b$

5. A 端內力分析

$$y' = -\frac{200}{36000}(300-120) = -1 = \tan\theta \Rightarrow \theta = -45°$$

$$T_A = \frac{T_o}{\cos 45°} = 50912\,\ell b$$

6. B 端內力分析

$$y' = -\frac{200}{36000}(-120) = \frac{2}{3} = \tan\theta \Rightarrow \theta = 33.69°$$

$$T_B = \frac{T_o}{\cos 33.69°} = 43266\,\ell b$$

3-26 庫倫摩擦理論

1. 摩擦力的成因非常複雜,以土木類考試而言,我們只討論「滑動摩擦」,此種摩擦假定有兩平面互相密合且存有相互接近的力時發生,其力量的方向平行於接觸面。以下即第一例:

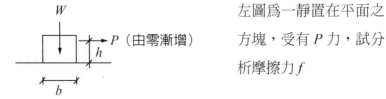

左圖爲一靜置在平面之方塊,受有 P 力,試分析摩擦力 f

2. 為分析 f，我們先使方塊與桌面分離，繪出 FBD 如圖一所示，因 P 力是由零漸增，依直觀經驗可知方塊起先為靜止，在 P 力達到某值時發生移動或傾倒，此圖中，f 之方向不可隨意假設，應先「預判」方塊會向右移動，故設為向左，另 x 為廣義座標，定義為以 q 線向右起算增加，檢討未知數有 f、x 及 N，靜平衡方程

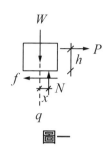

圖一

式有 3 條，可列式求解有 $f = P$、$N = W$、$x = \dfrac{ph}{W}$，此 $f = P$ 即方塊靜止時的摩擦力值。由式可知 P 力上升時，x 亦增加，注意 x 應小於等於 $\dfrac{b}{2}$，否則 N 將無材料點可作用，將在滑動之前發生傾倒！另若 N 恰好作用在右下角點時稱「臨界傾倒狀態」。

3. 現設若方塊不發生傾倒，則依實驗可得圖二會發現靜止至方塊即將滑動的瞬間有 f_{max} 稱最大靜摩擦力，此瞬間稱「臨界滑動狀態」，一旦方塊開始滑動，摩擦力降為 f_k 且保持定值，稱動摩擦力。庫侖發現 $f_{max} = \mu_s \cdot N$，$f_k = \mu_k \cdot N$，故我們可將圖二以下列三種情形計算摩擦力 f：

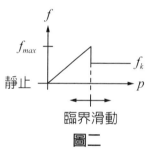

圖二

①無相互滑動：$f = P$（由 $\Sigma \vec{F} = 0$ 決定）
②臨界滑動瞬間：$f = \mu_s \cdot N$
③相互滑動中：$f = \mu_k \cdot N$

3-27 庫倫摩擦理論例說之一

例說

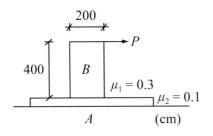

$W_A = 120N$、$W_B = 40N$，求左圖維持靜平衡之最大 P 力，並說明首先發生的運動為何？

1. 本題兩個方塊堆疊，故首先發生的運動有 4 種可能：A 滑動、A 傾倒、B 滑動及 B 傾倒，但因 A 方塊之底部寬度尺寸未給，故視同 A 不發生傾斜。

2. 我們先繪出 A、B 兩方塊之分離體，如圖一所示，檢討未知數有 N、x_1、f_1、P、N_2 及 f_2 計 6 個，注意 f_1 及 f_2 均應設為預判滑動方向的反向即向左。方程式有 A、B 兩組 $3 + 3 = 6$ 條，但因 A 不發生傾倒故為 $6 - 1 = 5$ 條，必須引入 1 條新的限制式才能求解！此條件即由「首先發生的運動」提供。

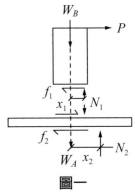

圖一

3. 先假設 B 滑動，則該瞬間 f_1 為 $f_{1, max} = \mu_1 \cdot N_1$，可解得 $x_1 = 120cm$，但依 B 之邊緣為 $x_1 = 100cm$，故發生矛盾，反證出 B 滑動非首先發生的運動。

4. 其次，假設 A 滑動，則該瞬間 f_2 為 $f_{2, max} = \mu_2 \cdot N_2$，可解得 $f_1 = 16N$，但 $f_{1, max} = \mu_1 \cdot N_1 = 12N$ 小於 $16N$，亦發生矛盾，反證出 A 滑動非首先發生的運動。

5. 最後，假設 B 傾倒，則該瞬間 $x = 100$cm，其自由體圖如圖二所示

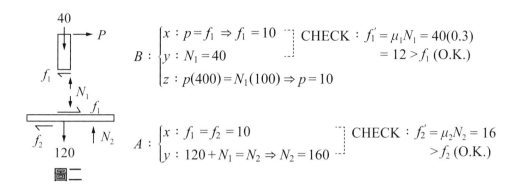

$$B : \begin{cases} x : p = f_1 \Rightarrow f_1 = 10 \\ y : N_1 = 40 \\ z : p(400) = N_1(100) \Rightarrow p = 10 \end{cases}$$

CHECK：$f_1' = \mu_1 N_1 = 40(0.3)$
$= 12 > f_1$ (O.K.)

$$A : \begin{cases} x : f_1 = f_2 = 10 \\ y : 120 + N_1 = N_2 \Rightarrow N_2 = 160 \end{cases}$$

CHECK：$f_2' = \mu_2 N_2 = 16$
$> f_2$ (O.K.)

圖二

上開計算檢查了 f_1 和 f_2 值都小於理論最大值，故可作出結論有「當 P 由零漸增至 10N 瞬間 B 方塊將發生傾倒，為首先發生的運動」。

6. 圖二中 N_1 及 f_1 出現二次，繪製 FBD 時，先以方塊 B 會向右滑動，將 f_1 之方向設於向左，N_1 設為向上，完成 B 分離體後，再依作用力與反作用力原理，將 B 施予 A 之 f_1 和 N_1 設為向右及向下。

3-28 庫倫摩擦理論例說之二

例說

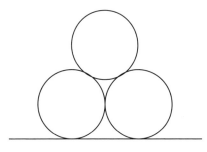

左圖各圓柱重 $\overline{W}$，尺寸均相同，求能維持此形態之最小 μ_0。（地面與圓柱為相同材質）

1. 在摩擦理論中，爲了決定摩擦力的方向，必須預判各種首先可能發生的運動，本題是如何呢？本題無由零漸增的外力，故可想像先將中間圓柱「吊起」使 $\overline{W}$ 爲零，接著緩慢釋放，此時之首發運動有圖一所示 5 種，但③及④因左右不對稱而不可能發生

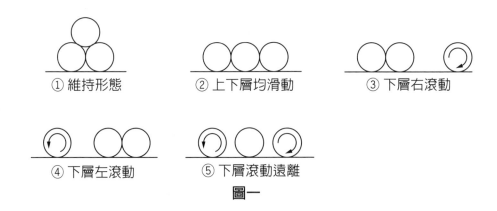

① 維持形態　　② 上下層均滑動　　③ 下層右滾動

④ 下層左滾動　　⑤ 下層滾動遠離

圖一

2. 就滑動摩擦之概念，μ_0 愈大代表最大靜摩擦力愈大，故 μ_0 大於某值以上爲①，小於某值則爲②，餘則爲⑤。

3. 首先，繪各圓柱之分離體，因型態對稱故下層繪一半即可。檢討未知數有 f_1、N_1、f_2 及 N_2 4 個，而 2 物體均為共點力系靜平衡方程式為 $2 \times 2 = 4$ 條可解！

4. 列式求解有（注意三圓心連線為正三角形）

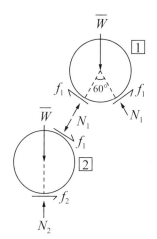

$\boxed{1}$：$f_1 \cos 60° + N_1 \cos 30° = \dfrac{\overline{W}}{2}$

$\boxed{2}$：$\begin{cases} x：f_1 = f_2 \\ y：-\overline{W} + N_2 - N_1 \cos 30° - f_1 \cos 60° = 0 \\ z：f_2 + f_1 \cos 30° - N_1 \cos 60° = 0 \end{cases}$

$\Rightarrow N_1 = \dfrac{\overline{W}}{2}$、$f_1 = f_2 = 0.134\overline{W}$、$N_2 = 1.5\overline{W}$

5. 注意本題 $f_1 = f_2 = 0.134W$ 為假設①時之推導結果，而依庫倫摩擦理論 f 又與 N 有關，故可據以檢討 μ 值有 $\mu_1 = \dfrac{f_1}{N_1} = 0.268$；$\mu_2 = \dfrac{f_2}{N_2} = 0.089$，意即當 $\mu_0 = 0.268$ 時，$f_1 = 0.134\text{W}$ 恰為 f_{max}，而此時下層與地面之 $f_{max} = \mu_0 N_2 = 0.268(1.5\overline{W}) = 0.402\overline{W}$，實際只需 $0.134\overline{W}$ 便能靜平衡，故上、下層均應靜止，故本題答案即 $\mu_0 = 0.268$。

6. 此外，本題可繪出以下 μ 與運動狀態關係數線：

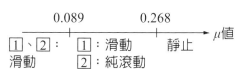

3-29 庫倫摩擦理論例說之三

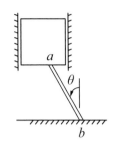

如左圖方塊重 $200 \ell b$，方塊兩側為光滑壁（即摩擦力為零），木棒長 $1 = 10ft$，重 $50 \ell b$，接觸面之 $\mu = 0.5$，且方塊與地面相同材質，求臨界狀態時之 θ

1. 本題預判此木棒首發運動有以下 4 種：① a、b 不滑動、② a 滑動、③ b 滑動及④ a、b 滑動，④之情形木棒為逆時針轉動，故方塊及地面對木棒的摩擦力方向應使其轉動不發生，在 a 處為向右、b 處為向左

2. 繪出方塊及木棒之分離，檢討未知數有 R、f_A、N_A、f_B、N_B 及 θ，而方程式因方塊不考慮轉動故只有 $2 + 3 = 5$ 條，無法求解，需考慮首發運動。

3. 假設 b 處先發生滑動（$f_B = \mu \cdot N_B$）

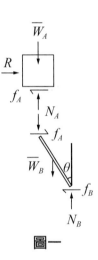

圖一

$$A : \begin{cases} x : R = f_A \\ y : N_A = 200 \end{cases}$$

$$B : \begin{cases} x : f_A = 0.5N_B = 125 \\ y : N_B = 50 + N_A = 250 \end{cases}$$

CHECK：
$f_A' = N_A \cdot \mu = 100 < f_A \,(\text{N.G.})$

4. 假設 a 處先發生滑動 $(f_A = \mu \cdot N_A)$

$$A : \begin{cases} x : R = 0.5N_A \\ y : N_A = 200 \end{cases}$$

$$B : \begin{cases} x : 0.5N_A = f_B \\ y : N_A + 50 = N_B \\ z : -50\left(\dfrac{10}{2}\sin\theta\right) + 250(10)(sin\theta) - 100(10)\cos\theta = 0 \end{cases}$$

CHECK：
$f_B' = N_B \cdot \mu = 125 > f_B \ (\text{O.K.})$

$\Rightarrow \theta = 23.96°$ （即為所求）

Note

第4章
材料力學

4-1 內力的符號系統

1. 材料力學的宗旨是判斷物體受力後是否發生破壞，而破壞依型式有拉壓破壞、剪力破壞和撓曲破壞等，故除使用座標象限系統和廣義座標系統外，又多引入內力的符號系統表達軸力、剪力、彎矩和扭力等，此類符號系統不能表達空間位置，但具有一定的物理意義，例如軸力算得為正值便可知物體伸長且承受張力。以下介紹各內力所用之符號系統：

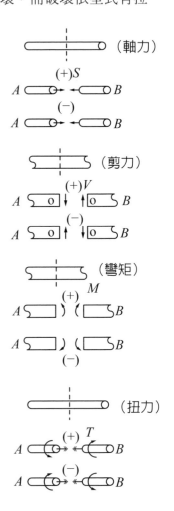

2. 軸力（S）：方向離開作用面為正，反之為負，如圖所示。

3. 剪力（V）：人在 O 點看作用於自身的力似為順時針旋轉為正，反之為負，如圖所示。

4. 彎矩（M）：由「下」往「上」彎時為正，反之為負，如圖所示。

5. 扭矩（T）：依右手螺旋定則，拇指方向朝外為正，反之為負，如圖所示。

6. 內力符號系統與卡氏座標系統，此兩種系統不完全相容，不得不同時使用時須視情況人工校正正負號使其表達方向一致！

4-2　使用繪圖法製作剪力彎矩圖

例說

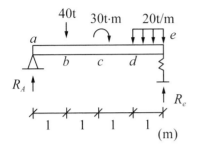

一直梁如左所示，試分析 a、b 及 c 點之內力為何？

1. 此結構系統為平面平行力系，可解 2 個未知反力 $R_A = 25t(\uparrow)$、$R_e = 35t(\uparrow)$，e 處雖連接彈簧，但不影響求解。

2. 現使用切面法分析各點內力，我們將未知之內力方向設為正向繪自由體圖，由左向右分析，每次切開均為 2 條方程式解 2 個未知數剪力 V 及彎矩 M，故數學上可證任意位置切面的內力均可求，是以：

(1) a 點（右）

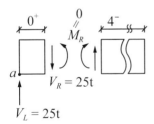

可知當支承力向上 25t，剪力也「相應」增加 25t，但彎矩不變。

(2) b 點（左）　　　(2') b 點（右）

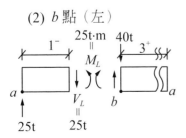
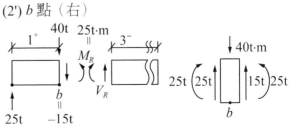

可知節點上有集中外力向下作用 40t 時，剪力由左至右減少 40t，但彎矩不變。

(3) C 點（左）   (3') C 點（右）

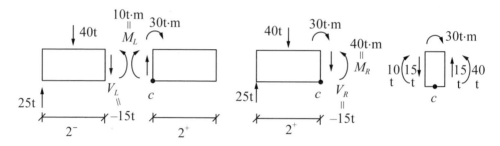

可知節點上有集中力偶矩順時針方向作用 30t·m 時，彎矩由左至右增加 30t·m，但剪力不變。

3. 我們可依上開「規則」對直梁繪出梁內的剪力彎矩變化圖，以下為一例說。

例說

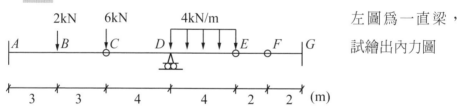

左圖為一直梁，試繪出內力圖

⟨sol⟩

1. 首先，此梁為平面平行力系，有 5 個未知數 R_A、M_A、R_D、R_G 及 M_G，但只有 2 條方程式，故自 C、E 及 F 接續處拆開，解得各支承反力及內力如下圖。

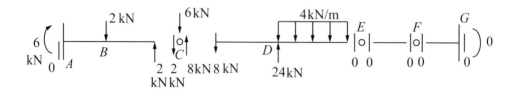

2. 依前述「規則」繪圖可完成以下，此過程請參考影片說明。

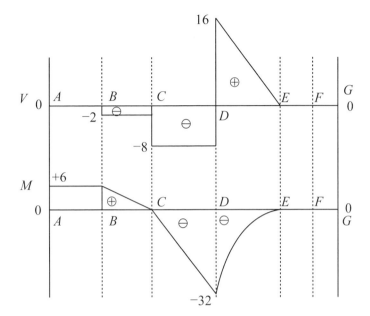

4-3 使用函數法描述內力例說之一

例說

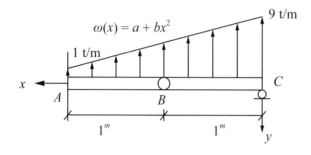

左圖直梁 A 端爲固定端，C 端爲滾支承，試依題示 $\langle x \ y \rangle$ 寫出：

(a)$V(x)$ 及 $M(x)$

(b) 支承力之大小及方向

1. 本題之外加負載爲一分布負載，前頁所推出之繪圖法「規則」只能用在集中負載，且題目要求寫出內力函數似乎也頗棘手，本頁引入「函數法」求解。

2. 我們可透過靜平衡方程式推得如圖一所示的公式，w 是外力，v 和 m 是內力，將 $w(x)$ 對 x 積分得 $v(x)$，再積分得 $m(x)$，注意本題已將 $\langle x \ y \rangle$ 加上，是第三象限，故 $w(x)$ 朝上即朝向 $-y$ 向，故在使用公式時須先正負顛倒，是以，考慮 $x = 0$ 及 $x = 2$ 解得 $w(x) = -[9-2x^2]$

$$\frac{dv}{dx} = -w \qquad \frac{dv}{dx} = w$$
$$\frac{dm}{dx} = -v \qquad \frac{dm}{dx} = v$$
$$\frac{dv}{dx} = w \qquad \frac{dv}{dx} = -w$$
$$\frac{dm}{dx} = -v \qquad \frac{dm}{dx} = v$$

圖一

3. 將 $w(x)$ 連續積分二次，第二次積分得 $M(x)$ 時要記得參考圖一人工校正正負號，故有 $V(x) = -9x - \dfrac{2}{3}x^3 + C_1$；$M(x) = \dfrac{9}{2}x^2 - \dfrac{1}{6}x^4 + C_1 x + C_2$，須找 2 個邊界條件解積分常數 C_1、C_2，觀察原圖發現 B 處為鉸接續可自由轉動，M 必為零，又 C 處為滾支承同理 M 亦為零，故有 $M(0) = 0 \Rightarrow C_2 = 0$；$M(1) = 0 \Rightarrow C_1 = -\dfrac{13}{3}$，整理得內力函數 $V(x) = -9x + \dfrac{2}{3}x^3 + \dfrac{13}{3}$；$M(x) = \dfrac{9}{2}x^2 - \dfrac{1}{6}x^4 - \dfrac{13}{3}x$ 即為所求。

4. 現可將支承代表之節點切出，因內力值及方向可分別代 $x = 0$ 和 $x = 2$ 求得，故可回歸靜平衡方程式解得支承力有

$$V = +\dfrac{13}{3}t, \ M = 0$$

$$\dfrac{13}{3}t \qquad C$$

$$R_c = \dfrac{13}{3}t \quad (\downarrow)$$

$$M_A \qquad \dfrac{20}{3}\text{t·m}$$

$$A \quad A_y \quad -\dfrac{25}{3}t$$

$$V = -18 + \dfrac{16}{3} + \dfrac{13}{3} = -\dfrac{25}{3}$$

$$M = 18 - \dfrac{8}{3} - \dfrac{26}{3} = \dfrac{20}{3}$$

$$\Rightarrow A_y = \dfrac{25}{3}t(\downarrow), \ M_A = \dfrac{20}{3}\text{t·m}(\zeta)$$

4-4 使用函數法描述內力例說之二

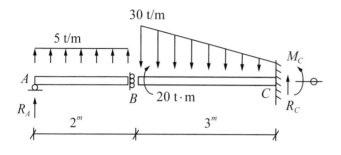

左圖為一直梁，受圖
示負載
求：(a) 內力函數
    (b) 內力圖

1. 我們自接續處拆開發現是 4 條方程式解 4 個未知數，解得 $R_A = -10t(\downarrow)$、
   $M_C = -80t \cdot m(\curvearrowright)$ 及 $R_C = 45t(\uparrow)$，接著須判別內力函數的分段點，即本
   題須用幾個函數才能完整描述？此處直觀判斷有 AB、BC 兩段，「分
   段點」位於受力或構材不連續處，多寫題目熟悉即可。

2. 首先處理 AB 段的內力函數，使用 $\langle x\ y \rangle$
   的第一象限，原點設於 A 處，$x = 0 \sim 2$，
   故有 $w_1(x) = 5$，因 w 朝正 y 向，故不必人
   工校正正負號，接著積分兩次，每次均須
   注意是否須人工校正正負號，第一象限為

   $$\frac{dv}{dx} = +w \ ; \ \frac{dM}{dx} = +V \text{，故都不用校正，是以，}$$

   $V_1(x) = 5x + C_1$，$M_1(x) = \dfrac{5}{2}x^2 + C_1x + C_2$，又 $x = 0$ 時有 $V_1 = -10t$、$M_1 = 0$，

   故解出 C_1 及 C_2 代回得內力函數 $V_1(x) = 5x - 10$，$M_1(x) = \dfrac{5}{2}x^2 - 10$

3. 同理，BC 段的內力函數可使用 $\langle x\ y \rangle$ 的第三象限，原點設於 C 處，x
   $= 0 \sim 3$，可解出 $V_2(x) = 5x^2 - 45$、$M_2(x) = -\dfrac{3}{5}x^3 + 45x - 80$

4. 接下來我們將梁的「框架」繪出，將兩個座標系標上，依 AB 和 BC 段各自的 x 適用範圍繪出 V 及 M 之函數圖形即可。

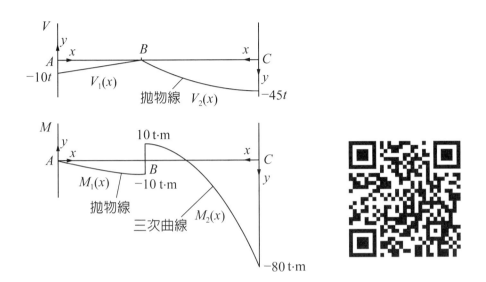

4-5　利用莫耳圓分析平面應力態正向應力與剪應力的關係及例說

例說

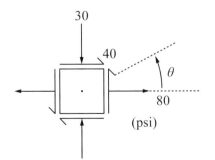

左圖為某材料點之平面應力態，試求：

1. 在 $\theta = 0°$、$45°$、$90°$、$135°$、$180°$ 各方向之 σ_θ、τ_θ

2. 繪出莫耳圓並將上述 σ、τ 標於圓上

1. 在 2-7 節我們提出了 2 個公式：

$$
\begin{cases}
\sigma_\theta = \dfrac{\sigma_x + \sigma_y}{2} + \dfrac{\sigma_x - \sigma_y}{2}\cos2\theta + \tau_{xy}\sin2\theta \\[2mm]
\tau_\theta = \dfrac{-(\sigma_x - \sigma_y)}{2}\sin2\theta + \tau_{xy}\cos2\theta
\end{cases}
$$

是否有可能以一張圖表達出任意 θ 之 σ 和 τ 呢？

2. 以本題作說明，我們依題意列表計算得各方向之 σ_θ 和 τ_θ 有：

θ	2θ	$\cos2\theta$	$\sin2\theta$	σ_θ	τ_θ
0	0	1	0	80	40
45	90	0	1	65	−55
90	180	−1	0	−30	−40
135	270	0	−1	−15	55
180	360	1	0	80	40

3. 接著，我們以橫軸向右為正為 σ_θ，縱軸向下為正為 τ_θ，將各點標示出來，會發現 $\theta = 0$ 和 $\theta = 180°$ 為同一點，讀者如有興趣，可再計算其他 θ 值之 σ 和 τ，可發現為一圓軌跡，圓心座標值為 $\left(\dfrac{80 - (-30)}{2}, \dfrac{40 - (-40)}{2}\right)$ = $(25, 0)$，半徑 R 值可用 2

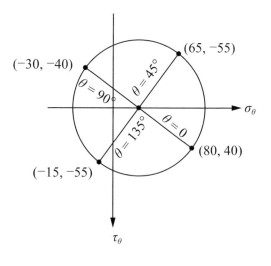

點距離公式有 $R = \sqrt{\left(\dfrac{\sigma_x - \sigma_y}{2}\right)^2 + \tau_{xy}^2} = \sqrt{55^2 + 40^2} = 68.01$，此圓即稱為「莫耳圓」。

4. 當圓繪成後，我們可用量角器得任意 θ 之 σ 或 τ，例如 $\theta = 75°$ 之 σ 或 τ，可自 $\theta = 0$ 起算逆時針旋轉 $2\theta = 150°$，以量角器定方向與圓之交點 (σ, τ) 即為所求。

4-6 利用圓軌跡方程式之平移分析應力例說

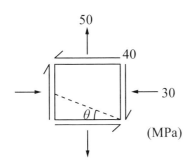

(MPa)

某平面應力態如左圖所示，已知 $\theta = 25°$

求 σ_θ 及 τ_θ

1. 首先，題示之 θ 與公式之 θ 定義不同，需先改令 ϕ，經圖一分析 $\phi = 65°$，此值才能拿來代公式。

2. 依題意有 $\sigma_x = -30$ MPa、$\sigma_y = 50$ MPa、$\tau_{xy} = -40$ MPa

故圓心 $\left(\dfrac{-30+50}{2}, 0 \right) = (10, 0)$

半徑 $R = \sqrt{(-30-50)^2 + (-40-40)^2} \cdot \left(\dfrac{1}{2} \right) = 56.67$

$90° - \theta = 65° = \phi$

圖一

4. 如此我們可繪出莫耳圓如圖二所示，而 $\phi=0$ 處即 $\sigma=-30$ MPa 和 $\tau=-40$ MPa

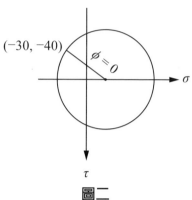

圖二

5. 接著我們將圓向左平移 10，使圓心與原點重疊，如圖三所示，依廣義三角函數可知 $R\cos\alpha=-40$，推得 $\alpha=135°$

6. 依題意須解出 $\phi=65°$ 之 (σ,τ)，在圓上為以 $\phi=0$ 之平面逆時針轉 2 倍的 ϕ，而若以 σ 軸起算則有 $\beta=\alpha+2\phi=265°$ 如圖四，而 $\sigma=R\cdot\cos\beta=-4.93$ ， $\tau=-R\cdot\sin\beta=+56.35$ ，須注意因使用廣義三角函數之 y 軸方向與 τ 軸相反，故須人工校正正負號！

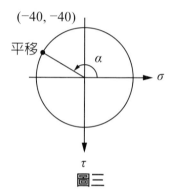

圖三

7. 最後，將圓向右平移 10「歸位」，可得 $(\sigma_{25°},\tau_{25°})=(5.07,56.35)$ MPa 即為所求，而應力態如圖五所示。

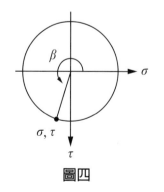

圖四

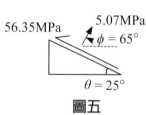

圖五

4-7　直接使用靜平衡方程式應力分析例說

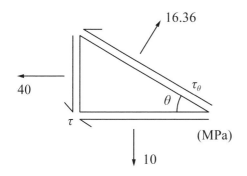

平面應力態如圖所示，$\theta = 30°$

試求 τ 及 $\tau_{30°}$

1. 本題不易解得圓心及半徑，若將此材料點看作是一三角形物體又如何？此時應注意題目標示之應力為均布力，應先乘上作用之尺寸長度，因 $\theta = 30°$，故令各邊長度及座標系〈N, T〉如圖所示，檢討未知數有 τ 及 $\tau_{30°}$，方程式 $\Sigma F_N = 0$ 及 $\Sigma F_T = 0$ 恰可解。

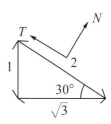

2. 由 $\Sigma F_N = 0$：

$16.36(2) - 40\sin\theta - \tau\cos\theta + 10 \cdot \cos\theta(\sqrt{3}) - \tau \cdot \sin\theta \cdot (\sqrt{3}) = 0$

$\Rightarrow \tau = 16\text{MPa}$

再由 $\Sigma F_T = 0$：

$\tau_{30}(2) + 40\cos\theta - \tau \cdot \sin\theta + 10\sin\theta \cdot (\sqrt{3}) + \tau \cdot \cos\theta \cdot (\sqrt{3}) = 0$

$\tau_{30} = -29.65\text{MPa}(\searrow)$

4-8 使用莫耳圓分析主應力平面及最大剪應力平面例說

例說

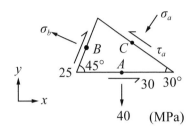

平面應力態如圖所示,試求:

(1)主應力 σ_p 及主軸與 x 向之夾角 θ_p

(2)平面上之最大剪應力 τ_{max} 及相應方向與 x 向之夾角 θ_s

1. A 處之 $\theta = 0$,有 $\sigma_y = 40$Mpa, $\tau_{xy} = -30$MPa;又因 B 處之 $\theta_b = 135°$,故

$$\tau_b = -\frac{\sigma_x - \sigma_y}{2}\sin2\theta + \tau_{xy}\cos2\theta$$

$$= -\frac{\sigma_x - 40}{2}(-1) + (-30)(0) = -25$$

$$\Rightarrow \sigma_x = -(25)(2) + 40 = -10$$

2. 如此我們便可繪出莫耳圓,如圖一所示,圓心 $(15, 0)$、$R = 39.1$

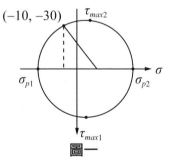

圖一

3. 主應力被定義為某切面上 $\tau = 0$ 時的 σ,寫為 σ_p,即圖一上 σ_{p1} 和 σ_{p2} 兩點所代表之平面,可知為圓心向左向右算半徑之值有 $\sigma_p = 15 \pm R = -24.1$ MPa 及 54.1MPa,至於角度則可作虛線成三角形解得 $2\theta_p' = \sin\dfrac{30}{R}$

$$\Rightarrow \theta_p' = 25.1° \quad \forall -24.1(\text{MPa})$$

另 $2\theta_p = 2\theta_p' + 180°$

$$\Rightarrow \theta_p = 115.1° \forall 54.1(\text{MPa}) \quad (\theta_p' \text{ 和 } \theta_p \text{ 如圖二})$$

4. 最大剪應力亦有 2 個代表平面如圖一所示,由圖可知

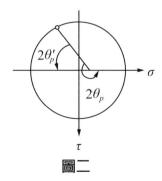

圖二

$2\theta_s = 2\theta_p' + 90° \Rightarrow \theta_s = 70.1°$，對應之

$\tau_{max1} = \dfrac{R}{2} = 39.1(MPa)$，

若θ_s'為 160.05° 時

有 $\tau_{max2} = -39.1(MPa)$

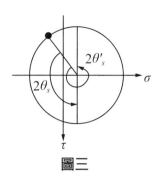

圖三

5. 本題繪製主應力及最大剪應力平面之應力態

　　如圖四所示

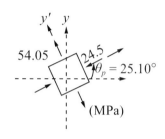 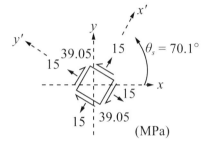

圖四

4-9 應力分析例說

例說

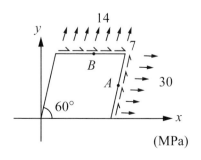

左圖平面應力態，上有 A, B 二點，

求 (1)σ_A、τ_A

　　(2)σ_B、τ_B

1. 平面應力態之「物體」僅須符合材料點的定義即可,其形狀未必爲矩形,而分析其上某處之 σ 和 τ 仍應回歸基本定義,例如 A 處之 σ 絕非等於 30MPa,而是該點代表平面正交方向的合應力。

2. 依題意分作 A、B 二點分析如下:

   (1) A 點

   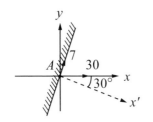

   $\sigma_{x',A} = \sigma_{\theta=-30°} = 30 \cdot \cos30° = 25.98 \text{ MPa}$

   $\tau_{x',A} = \tau_{\theta=-30°} = 7 + 30 \cdot \sin30° = 22 \text{ MPa}$

   (2) B 點

   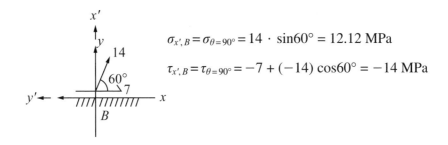

   $\sigma_{x',B} = \sigma_{\theta=90°} = 14 \cdot \sin60° = 12.12 \text{ MPa}$

   $\tau_{x',B} = \tau_{\theta=90°} = -7 + (-14)\cos60° = -14 \text{ MPa}$

4-10 軸向應變與角應變釋義

1. 物體在哪個方向受力，在那個方向就產生變形，甚且在現實世界中，我們是透過觀察變形才意識到受力的存在！許多變形肉眼無法觀察，又或者變形到復原經歷的時間甚短，故時常需要借助各種實驗裝置才能獲得其變形的種類和大小。

2. 就微觀等級的材料點而言，應力和應變存有如圖一所示的對應關係：

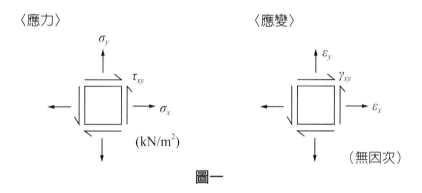

圖一

即 σ_x、σ_y 和 τ_{xy} 分別與 ε_x、ε_y 和 γ_{xy} 有關，其中 ε_x 和 ε_y 稱「軸向應變」，γ_{xy} 稱「角應變」。

3. 現說明各符號之數學定義

   (1) 若僅 σ_x 存在，則變形後方塊向 x 方向伸長如圖二所示，

   定義 $\varepsilon_x = \dfrac{\ell_x' - \ell_x}{\ell_x}$，可知當

   $\ell_x' - \ell_x > 0$ 時 $\varepsilon_x > 0$，

   代表方塊受張力伸長，反之則爲縮短

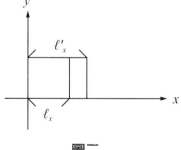

圖二

(2) 同理，若僅 σ_y 存在，則如圖三所示，定義 $\varepsilon_y = \dfrac{\ell_y{}' - \ell_y}{\ell_y}$。請注意在材料內平行 y 軸之任意虛線上取任意 2 點 a 及 b 計算，亦可得出相同的 ε_y。

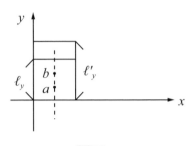

圖三

(3) 至於 γ_{xy} 和 τ_{xy} 應一同考慮，如圖四所示，此種應變僅對 o 點有效，換言之，整個材料之角應變由 o 點作代表計算之。

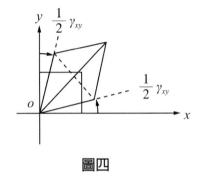

圖四

4-11　應變分析例說

例說

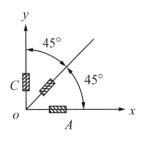

圖中應變計 A、B、C 量得 o 點在 A、B、C 三方向之正向應變為：$\varepsilon_a = 500 \times 10^{-6}$、$\varepsilon_b = 360 \times 10^{-6}$、$\varepsilon_c = -70 \times 10^{-6}$

（一）求 o 點之主應變與元素變形圖

（二）求 o 點之最大剪應變與元素變形圖

1. 角應變又稱剪應變，實務上角應變 $\frac{1}{2}\gamma_{xy}$ 不易測量，通常由 3 個不同方向之應變計之觀測值推得。

2. 本題之處理手法類似於給 σ_x、$\sigma_{45°}$ 和 σ_y，只是改給成 ε_a、ε_b 和 ε_c，

故考慮尺寸使「應變態」出現如圖一，此時所有應力分析的手段均可使用，包含「靜平衡方程式」，此時檢討未知數有 $\frac{1}{2}\gamma_{xy}$ 和 $\gamma_{45°}$ 2 個，方程式 3 條，但我們只需要 γ_{xy} 和 $\gamma_{45°}$，故

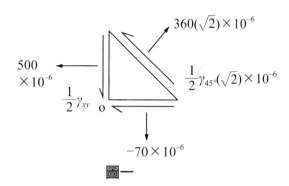

圖一

$$\Sigma M_o = o : \frac{1}{2}\gamma_{45°} = -285 \times 10^{-6} ;$$

$$\Sigma M_a = o : \frac{1}{2}\gamma_{xy} = 145 \times 10^{-6}$$

3. 接著繪出應變莫耳圓有圓心 $\left(\frac{500-70}{2} \times 10^{-6}, 0\right) = (215 \times 10^{-6}, 0)$，

$$R = \frac{1}{2}\sqrt{[500-(-70)]^2 + (145+145)^2} \times 10^{-6} = 320 \times 10^{-6}$$

並標上 $\theta = 0$ 之平面如圖二，注意 y 軸為 $\frac{1}{2}\gamma$ 向下。

4. 主應變即 $\frac{1}{2}\gamma_{xy} = 0$ 所代表之平面，有

ε_{p1} 和 ε_{p2}，

$\varepsilon_{p1} = R + 215 \times 10^{-6} = 535 \times 10^{-6}$

$\theta_{p1} = \frac{1}{2}\sin^{-1}\frac{145 \times 10^{-6}}{R} = 13.5°$，此平面代表之元素變形圖如圖三所示，至於 ε_{p2} 之方塊為縮短，請自行練習。

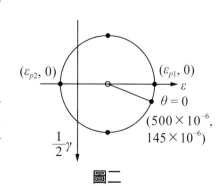

圖二

5. 最大剪應變由莫耳圓可知 $\frac{1}{2}\gamma_{max}=320\times10^{-6}$，

但同時存有 $\varepsilon_{-31.5°}=215\times10^{-6}$，另外 $\theta=58.5°$ 時

亦有 $\frac{1}{2}\gamma_{max}=-320\times10^{-6}$，$\varepsilon_{58.47°}=215\times10^{-6}$，求

法與應力分析相同，不再贅述，分別繪出元素變

形圖如圖四及圖五所示。

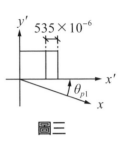

圖三

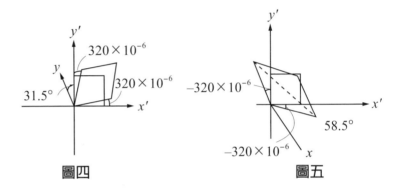

圖四　　　　　　　　　　圖五

4-12　楊氏係數（E）、波松比（μ）及線膨脹係數（α）釋義

1. 考慮一彈簧施力於一端使之伸長，可發現力量 f 和變形量 s 存有一線性

關係 $f=k\cdot s$，不同的彈簧有不同的勁度 k，k 愈大代表彈簧愈難變形，

此值需作實驗測定，是材料性質。今若將某材料點當作彈簧，會發現也有類似關係即 $\sigma = E \cdot \varepsilon$，此 E 即稱楊氏係數，上開二式可繪圖如圖一所示。注意，當力量釋放歸零時，變形量亦歸零，此種行為稱「彈性變形」；反之，若變形量不歸零，則稱「塑性變形」。

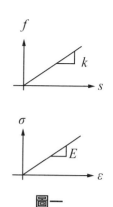

圖一

2. 現設一長寬尺寸均為 1 之單位元素體受軸向拉應力（$\sigma_x > 0$）如圖二所示，則變形後除在軸向發生 ε_x 之應變外，經實驗觀察發現在正交方向之尺寸減少 ε_y，此值與 ε_x 亦存在一線性關係而有

$$\varepsilon_y = -\mu \cdot \varepsilon_x = -\mu \cdot \frac{\sigma_x}{E}$$，此 μ 稱「波松比」，為一種材料性質，介於 $0 \sim 0.5$ 之間。

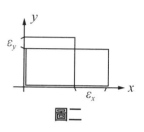

圖二

3. 再考慮單位元素體受雙向承拉（$\sigma_x > 0$，$\sigma_y > 0$）的情形，因假設材料在彈性變形的範圍內受力，故可分別討論為兩軸向承拉再予以疊加，如圖三所示，而有

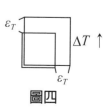

圖三

$$\varepsilon_x = \varepsilon_{x1} + \varepsilon_{x2} = \frac{\sigma_x}{E} - \mu \cdot \frac{\sigma_y}{E} \ ; \ \varepsilon_y = \frac{\sigma_y}{E} - \mu \cdot \frac{\sigma_x}{E}$$

4. 在直觀經驗中，溫差和體積亦有「熱脹冷縮」的關係，在土木材料中此等變形多屬彈性變形，故單位元素體溫升 ΔT 時面積之改變情形如圖四，在兩正交方向均增加 $\varepsilon_T = \alpha \cdot \Delta T$，此 α 稱「線膨脹係數」，此亦為材料性質。

圖四

5. 最後，我們考慮一般化的三維單位元素體受三向
   承拉且溫升 ΔT 如圖五所示，則依上述方式可推
   導出

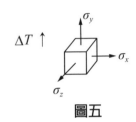

圖五

$$\begin{cases} \varepsilon_x = \dfrac{\sigma_x}{E} - \mu\dfrac{\sigma_y}{E} - \mu\dfrac{\sigma_z}{E} + \alpha\Delta T \\[2mm] \varepsilon_y = \dfrac{\sigma_y}{E} - \mu\dfrac{\sigma_x}{E} - \mu\dfrac{\sigma_z}{E} + \alpha\Delta T \\[2mm] \varepsilon_z = \dfrac{\sigma_z}{E} - \mu\dfrac{\sigma_x}{E} - \mu\dfrac{\sigma_y}{E} + \alpha\Delta T \end{cases}$$

此即「廣義虎克定律」。

4-13　由應變計數值推導材料點應力例說

例說

某平面應變試驗之應變計配置及量測值如圖所示，

$\varepsilon_b = 100 \times 10^{-6}$

$\varepsilon_c = 200 \times 10^{-6}$

$60°$　$60°$

A　$\varepsilon_a = 60 \times 10^{-6}$

又已知 $E_s = 200\text{GPa}$、$\mu = 0.3$

求 ε_p、θ_p、σ_p、ε_z、γ_{xy}、τ_{xy}

1. 將 3 個觀測值考慮尺寸使應變態出現如圖一，再利用「靜平衡方程式」
   取 $\sum M_o = 0$ 得 $\gamma_{xy} = -115.4 \times 10^{-6}$，接著使用切面法繪出圖二，取
   $\sum M_a = 0$ 得 $\varepsilon_y = 180 \times 10^{-6}$

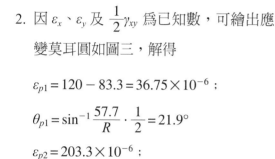

圖一

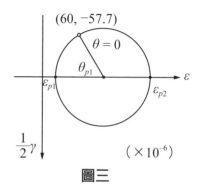

圖二

2. 因 ε_x、ε_y 及 $\frac{1}{2}\gamma_{xy}$ 為已知數，可繪出應

變莫耳圓如圖三，解得

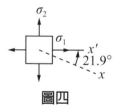

圖三

$\varepsilon_{p1} = 120 - 83.3 = 36.75 \times 10^{-6}$；

$\theta_{p1} = \sin^{-1}\frac{57.7}{R} \cdot \frac{1}{2} = 21.9°$

$\varepsilon_{p2} = 203.3 \times 10^{-6}$；

$\theta_{p2} = 21.9° + 90° = 111.9°$

3. 建立廣義虎克定律求 σ_1 及 σ_2（分別對應 ε_{p1} 及 ε_{p2}）

$$\begin{cases} \varepsilon_{p1} = \dfrac{\sigma_1}{E} - \mu\dfrac{\sigma_2}{E} \\ \varepsilon_{p2} = \dfrac{\sigma_2}{E} - \mu\dfrac{\sigma_1}{E} \end{cases}$$

圖四

聯立可解得 $\sigma_1 = 21.48$ MPa；$\sigma_2 = 47.10$ MPa，其應力態如圖四所示。

4. $\sigma_z = 0$ 不代表 ε_z 必然為零，其值可用廣義虎克定律計算

$\varepsilon_z = -\mu \cdot \dfrac{\sigma_1}{E} - \mu \cdot \dfrac{\sigma_2}{E} = -0.103 \times 10^{-3}$

5. 最後，有關剪應力和剪應變間存有一轉換公式

$\tau_{xy} = G \cdot \gamma_{xy}$，其中 $G = \dfrac{E}{2(1+\mu)}$，此可用數學推導，證明

不在本書贅述。是以，

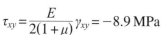

$\tau_{xy} = \dfrac{E}{2(1+\mu)}\gamma_{xy} = -8.9$ MPa

4-14 元素變形圖釋義及例說

1. 設想在實驗室中使用攝影機記錄一物體受負載而變形的全過程,其開始受力前在物體上標定 A、B、C 及 D 如圖一所示,而受力後 A、B、C 及 D 點移動至 a、b、c 及 d 位置如圖二所示,我們稱點到點的行為為「位移」,而兩點間相對距離的改變稱「線變形」,例如 $\overrightarrow{AB} \neq \overrightarrow{ab}$。另外,兩線之夾角之改變稱「角變形」,例如 $\alpha \neq \beta$。線變形和角變形可合稱變形,若再加入位移的概念則稱「變位」。

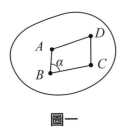

圖一

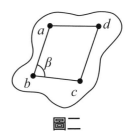

圖二

2. 圖三為一元素變形圖,變形前為實線 $ABCD$ 封閉區域,變形後形成如虛線的狀態,試問 A 點之 ε_x、ε_y 及 γ_{xy} 為何?

3. 首先,我們先消除位移因素,將變形後之左下角點向左移動使之與 A 點重疊如圖四。

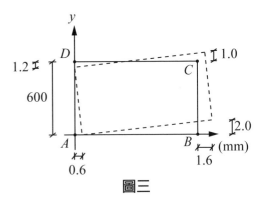

圖三

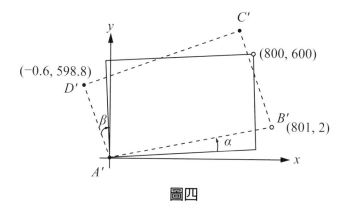

圖四

接著，A 點之 $\varepsilon_x = \dfrac{801 - 800}{800} = 1.25 \times 10^{-3}$；

$\varepsilon_y = \dfrac{598.8 - 600}{600} = -2 \times 10^{-3}$；

$\gamma_{xy} = \alpha - \beta = \dfrac{2}{800} - \dfrac{0.6}{600} = 1.5 \times 10^{-3}$

亦即 ε_x 用 $\overrightarrow{AB}$ 在 x 軸上的變化量計算，ε_y 用 $\overrightarrow{AD}$ 在 y 軸上的變化量計算，而 $\angle DAB - \gamma_{xy} = \angle D'A'B' = \angle DAB - \alpha + \beta$（注意 γ_{xy} 為正時角度變小）。

4-15 體積應變、三維莫耳球釋義及例說之一

1. 考慮空間中的單元立方體，長、寬、高之尺寸均為 1，現變形後三軸之尺寸分別增加 ε_x、ε_y 及 ε_z 如圖一所示，則總體積增加為

   $(1 + \varepsilon_x)(1 + \varepsilon_y)(1 + \varepsilon_z) \fallingdotseq 1 + \varepsilon_x + \varepsilon_y + \varepsilon_z$

   令 ε_v 為變形前後的體積增量，則

   $\varepsilon_v = \varepsilon_x + \varepsilon_y + \varepsilon_z$，此即「體積應變」。

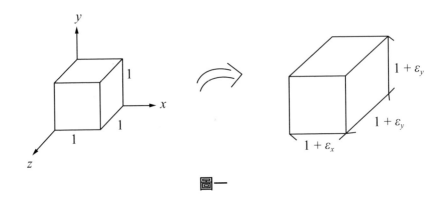

圖一

2. 考慮一立方體如圖二所示，已知此立方
   體原尺寸 $a = 5$ in、$b = 4$ in、$c = 3$ in，E
   $= 10400$ksi，$\mu = 0.33$，現受有負載 $\sigma_x =$
   11ksi，$\sigma_y = -5$ksi 及 $\sigma_z = -1.5$ksi，試求材
   料內部 τ_{max}、Δa、Δb、Δc 及 ΔV 分別為

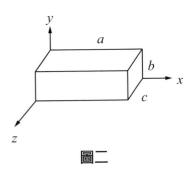

圖二

   何？首先，我們為此立方體繪三維應力
   態，如圖三所示。接著就此應力態之 x、y 及 z 平面分別繪出莫耳圓，
   如圖四所示，可知 τ_{max} 應為 $\dfrac{11 - (-5)}{2} = 8$ksi

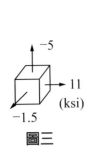

圖三

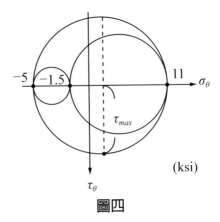

圖四

3. 我們可利用廣義虎克定律解得 ε_x、ε_y 及 ε_z，再乘上各軸原長推導出長度變化量：

$$\begin{cases} \varepsilon_x = \dfrac{11}{E} - \mu\dfrac{(-5)}{E} - \mu\dfrac{(-1.5)}{E} = 1.2639 \times 10^{-3} \\[2mm] \varepsilon_y = \dfrac{(-5)}{E} - \mu\dfrac{11}{E} - \mu\dfrac{(-1.5)}{E} = -7.8221 \times 10^{-4} \\[2mm] \varepsilon_z = \dfrac{-1.5}{E} - \mu\dfrac{11}{E} - \mu\dfrac{(-5)}{E} = -3.3462 \times 10^{-4} \end{cases}$$

$$\begin{cases} \Delta a = \varepsilon_x(5) = 6.320 \times 10^{-3} in \ （伸長）\\[1mm] \Delta b = \varepsilon_y(4) = -3.129 \times 10^{-3} in \ （縮短）\\[1mm] \Delta c = \varepsilon_z(3) = -1.004 \times 10^{-3} in \ （縮短）\end{cases}$$

4. 最後，體積變化量 ΔV 等於體積應變乘上原體積，故

$$\Delta V = (\varepsilon_x + \varepsilon_y + \varepsilon_z)(5 \cdot 4 \cdot 3) = 8.824 \times 10^{-3}(in^3)$$

4-16　體積應變例說之二

例說

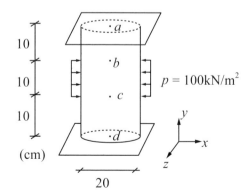

一圓桿之受力情形如圖所示，p 為環型均布壓應力，a 及 d 為光滑剛性壁

$\Delta T = 50^\circ C$

$E = 200MPa$

$\mu = 0.3$

$\alpha = 2 \times 10^{-6} \dfrac{1}{^\circ C}$

求 $\Delta V = ?$

1. 本題依受力情形分成 ab 及 cd 兩段和 bc 一段分別討論。

2. 考慮 ab 段（以及 cd 段）之三維應力態，如圖一所示，σ_x 和 σ_z 不受力均設為 0，而 σ_y 不排除非零令其存在，接著建立廣義虎克定律方程式：

$$\begin{cases} \varepsilon_{x1} = -\mu \dfrac{\sigma_y}{E} + \alpha \Delta T \\[2mm] \varepsilon_{y1} = \dfrac{\sigma_y}{E} + \alpha \Delta T \\[2mm] \varepsilon_{z1} = -\mu \dfrac{\sigma_y}{E} + \alpha \Delta T \end{cases}$$

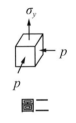

圖一

3. 考慮 bc 段，因環型均布壓力來自 xz 平面的各方向，故 σ_x 及 σ_z 均為 p（壓力），繪出三維應力態如圖二所示，並建立廣義虎克定律方程式

$$\begin{cases} \varepsilon_{x2} = \dfrac{-p}{E} - \mu \dfrac{\sigma_y}{E} - \mu \dfrac{(-p)}{E} + \alpha \Delta T = \varepsilon_{z2} \\[2mm] \varepsilon_{y2} = \dfrac{\sigma_y}{E} - \mu \dfrac{(-p)}{E} - \mu \dfrac{(-p)}{E} + \alpha \Delta T \end{cases}$$

圖二

4. 我們發現上述為 6 條方程式無法求解 7 個未知數，現引用「剛性壁」的條件，此意謂 a、d 二點間距在圓桿變形前後均為 30cm，故可列出拘束條件式

$\delta_Y = \ell \cdot (\varepsilon_Y)_{AB} + \ell (\varepsilon_Y)_{BC} + \ell (\varepsilon_Y)_{CD} = 0$，其中 $\ell = 10$ cm，此為整體觀點之相合條件。如此可解得 $\sigma_Y = -40$ kPa，再代回上開 6 條式子解得 ε_{x1}、ε_{y1}、ε_{z1}、ε_{x2}、ε_{y2} 及 ε_{z2}。

5. 最後，各小段體積為圓之截面乘上代表長有 $\dfrac{\pi d^2}{4} \cdot \ell$，再乘上各段代表的體積應變後加總即整體體積的變化量，故有：

$$\Delta V = 2 \cdot \frac{\pi d^2}{4} \cdot \ell (\varepsilon_{x1} + \varepsilon_{y1} + \varepsilon_{z1}) + \frac{\pi d^2}{4}$$
$$\cdot \ell \cdot (\varepsilon_{x2} + \varepsilon_{y2} + \varepsilon_{z2}) = 0.82 \text{cm}^3 \text{（增大）}$$

4-17　體積應變例說之三

例說

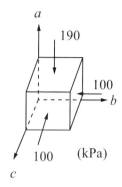

已知某三維應力態如左圖所示，

其中 $\varepsilon_a = 0.9\%$，$\varepsilon_v = 3 \times 10^{-3}$，

求此材料之楊氏係數 E 及柏松比 μ 為何？

1. 本題的特殊之處在於給應力和應變推材料性質，看似奇怪，其實反而在實務時常遇見。

2. 我們假定 σ 以壓力為正，首先列出廣義虎克定律有

$$0.009 = \frac{190}{E} - \mu\frac{100}{E} - \mu\frac{100}{E} \qquad : (a)\ 式$$

$$\varepsilon_b = \frac{100}{E} - \mu\frac{190}{E} - \mu\frac{100}{E} \qquad : (b)\ 式$$

$$\varepsilon_c = \frac{100}{E} - \mu\frac{100}{E} - \mu\frac{190}{E}$$

現引入題目 $\varepsilon_v = 3 \times 10^{-3}$ 條件，有 $\varepsilon_v = \varepsilon_a + \varepsilon_b + \varepsilon_c$，又再參考應力態 $\sigma_b = \sigma_c$，

故 $\varepsilon_b = \varepsilon_c$，如此可推得 $\varepsilon_b = \varepsilon_c = \dfrac{0.3\% - 0.9\%}{2} = -0.3\%$

3. 聯立 $(a)(b)$ 二式即可解得 $E = 10.933\,\text{MPa}$、$\mu = 0.458$！

4-18　斷面形心的位置分析

1. 考慮某桿件之橫斷面如圖所示，此橫斷面爲任意形狀，問形心位於何
   處？我們可自行決定任意點 o，而 o 指向形心 c 的位置向量 $\vec{r}_c$ 可以 (a)
   式計算，意即將橫斷面切成無數小塊，分別乘上各小塊與 o 點之直線
   距離，然後以積分加總後除以總面積即得 $\vec{r}_c$，此式可改寫爲 (b) 式，又
   或者引入〈$x\,y$〉寫成 (c) 式，另外，若 o 點恰好設在 c 處則 $\vec{r}_c$ 爲零向
   量如圖二

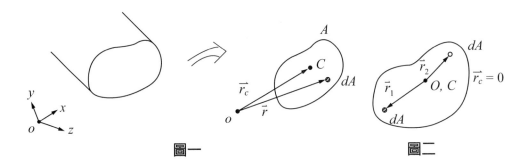

$$\vec{r}_c = \frac{\int \vec{r}\,dA}{A}\ \text{(a)} \Rightarrow A \cdot \vec{r}_c = \int \vec{r}\,dA\ \text{(b)} \xrightarrow{(x,y)} \begin{cases} A \cdot x_c = \int x\,dA \\ a \cdot y_c = \int y\,dA \end{cases} \text{(c)}$$

2. (b) 式中的 $\int \vec{r}\,dA$ 又稱作面積對點一次矩，是一種「面積分布的度量方
   式」，未來我們將在力學公式中遇見它，但它只有純幾何性質，不具
   物理意義，也不須作實驗才能測定。另外 (c) 式使用不同的〈$x\,y$〉，所
   得之 c 位置仍相同，注意此面積一次矩隨〈$x\,y$〉之設定不同亦有可能
   爲正、爲負或爲零！

3. 本節揭示的是形心最一般的算法，但大多情況下考試只會出現矩形、
   圓形，亦或看似不規則但可切成數個矩形，故反而是「組合式形心公
   式」較常遇到，例如在平面空間中有兩物體，在給定之〈$x\,y$〉下，各

自的面積及形心座標均
已知如圖三所示，問
此系統之整體形心（c_x,
c_y）為何？

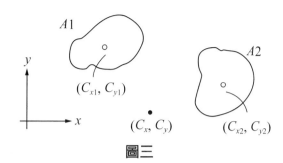

此時，我們可引用一般
算法之概念，只不過
「無數小塊」變成「2 個大塊」，而 o 點即座
標原點，是以，有 $(A_1 + A_2) C_x = A_1 C_{x1} + A_2 C_{x2}$；
$(A_1 + A_2)C_y = A_1 C_{y1} + A_2 C_{y2}$ 分別解出 C_x、C_y。

圖三

4-19　斷面幾何分析例說

例說

　　某斷面由兩片長 30cm 及寬 2cm 之
木板接合而成，求形心位置 $C(x_c, y_c) = ?$

1. 本題斷面為 2 個矩形組合而成，而
   矩形之形心在其正中，故可先依題
   目預設之〈$x\ y$〉標定①及②之形心
   座標分別為 (5, 1) 和 (0, 17)

2. 接著分別計算兩矩形面積有
   $A_1 = A_2 = 30(2) = 60\text{cm}^2$

3. 套用組合式面積形心公式求形心座
   標有

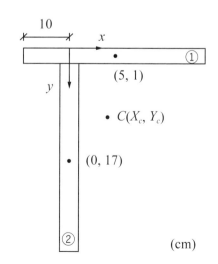

$$x : (A_① + A_②) \cdot X_c = A_① \cdot 5 + A_② \cdot 0$$

$$y : (A_① + A_②) \cdot Y_c = A_① \cdot 1 + A_② \cdot 17$$

$$\Rightarrow X_c = 2.5 \text{，} Y_c = 9$$

4. 從本題可知形心位置上不一定存有材料，另外，讀者可自行假設其他座標系〈$x'y'$〉，試算形心位置，數值雖會改變，但代表之位置仍相同。

4-20　斷面面積慣性矩分析及例說

1. 本節介紹面積慣性矩 I_L，符號下標之 L 表示在計算前須先決定一條軸線 L，接著將斷面切成無數小之單元，將各微小面積乘上與該軸線 L 之最短距離 r 的平方，最後再積分加總回全面積寫為 $\int r^2 dA$，如圖一所示。

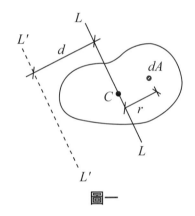

圖一

2. 我們可知 L 在不同位置和方向均可得出不同的 I 值，今設若將通過形心 C 之 L 平移 d 之距離至 L' 位置如圖一，那 $I_{L'}$ 會如何計算才方便？回歸基本算法可知，每一小單元體計算 r 時均增加 d，故

$$I_{L'} = \int (r+d)^2 dA = \int r^2 dA + \int 2rd\,dA + \int d^2 dA$$，又因 L 通過形心 C，則 $\int r\,dA = 0$ 即 $\int 2rd\,dA = 0$ 可推得 $I_{L'} = I_L + d^2 \cdot A$，此即「平行軸定理」，甚為常用。注意欲使用此定理，I_L 之軸必須通過形心，此式亦可證明在某軸線確定方向後，以通過形心之 I_L 為最小值。

3. 矩形之 I 值應爲考試最常用之值，有推導的
價值，考慮矩形如圖二，試求 I_{XC} 爲何？我
們發現上開方法中所稱「無數小之單元」
可以斜線之長方形表示，故 $dA = b \cdot dy$，而
每一小單元距通過 C 點之 x 軸距離爲 y，

故 $I_{xc} = \int r^2 dA = \int y^2(bdy) = b\left[\frac{1}{3}y^3\right]_{-\frac{h}{2}}^{\frac{h}{2}} = \frac{bh^3}{12}$，

注意 I 值因距離有二次方故恆
爲正值。另外，若題目問 I_{yc}，
則僅須將 b 與 h 互換位置之
$I_{yc} = \frac{hb^3}{12}$ 即爲所求。

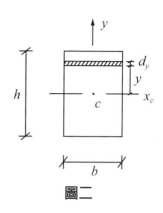

圖二

4. 承上頁，已解得某矩形組合
斷面之形心 C 位置如圖三所
示，現問 $I_{X'}$ 爲何？我們可分
別對①及②斷面計算 $I_{①X'}$ 和
$I_{②X'}$ 再加總即可。首先，標定
各斷面形心並設定與 x' 軸平
行之 L 軸，該軸應通過形心

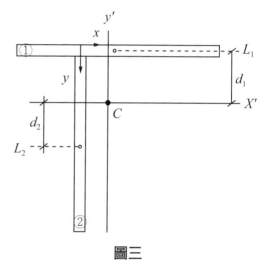

圖三

如 L_1 和 L_2；其次計算 L_1 及 L_2「回到」x' 軸之平移距離 $d_1 = 9 - 1 = 8$，
$d_2 = 17 - 9 = 8$；接著使用平行軸定理得各小斷面之 I 有

$I_{①X'} = \frac{30(2)^3}{12} + (8)^2(30)(2) = 3860\text{cm}^4$

$I_{②X'} = \frac{2(30)^3}{12} + (8)^2(30)(2) = 8340\text{cm}^4$，最後將兩項加總

$I_{X'} = I_{①X'} + I_{②X'} = 12200\text{cm}^4$ 即爲所求。

另本題之 $I_{y'} = 5270\text{cm}^4$，讀者可自行練習。

4-21 斷面面積極慣性矩分析及例說

1. 「面積極慣性矩」寫作 J_B，「極」為「極點」之意，意即計算 J_B 前應先決定極點 B 之位置，B 點位置不同，J_B 值亦不同。如圖一所示，考慮空間中有一斷面，現欲對 B 點計算 J_B，則可將該斷面切成無數小單元體，將其面積乘上與 B 點距離 r 的平方，最後再積分回全面積即可，寫為 $J_B \equiv \int r^2 dA$，注意型式與 $I_L \equiv \int r^2 dA$ 完全相同，但算法實則相異。

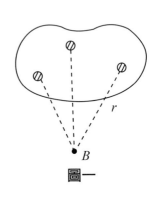

圖一

2. 就好似 I 值常用於矩形，J 值則常用於圓形，如圖二之實心圓盤，若欲對圓心 O 點算 J_O，我們取之「小單元體」為環形，故 $J_O = \int_o^R 2\pi\rho d\rho(\rho^2) = 2\pi\left[\frac{1}{4}\rho^4\right]_o^R = \frac{\pi R^4}{2}$。另外，若改為「空心圓盤」如圖三所示，只須改變積分之邊界值即可推得 $J_o' = \frac{\pi}{2}(b^4 - a^4)$！

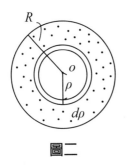

圖二

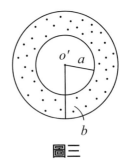

圖三

3. 有時我們會需要圓形斷面之 I 值，如圖四之 I_x 爲何呢？在此引入一條

數學公式爲 $I_x + I_y = J_o$。圓形之 I 的特點爲 $I_x = I_y$，又已知 $J_o = \dfrac{\pi R^4}{2}$，故

代入上式有 $2 \cdot I_x = \dfrac{\pi R^4}{2} \Rightarrow I_x = \dfrac{\pi R^4}{4}$ 即爲所求。

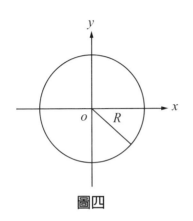

圖四

4-22　斷面受彎矩之軸向應力分析

1. 考慮一直梁受
彎的情形如圖
一所示，此
時，該斜線之
小單元體將發
生如圖二虛線之變形，「憑經
驗」可知 M 愈大，線型向上彎
曲的程度愈明顯，即曲率半徑 ρ
愈小，再定義 κ（曲率）爲 $\dfrac{1}{\rho}$，

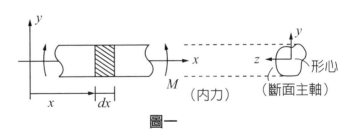

圖一

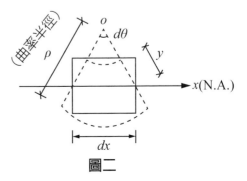

圖二

則 M 愈大 κ 愈大。此線型可看出梁底長度伸長，$\varepsilon>0$，應受有張應力 $\sigma>0$；反之梁頂長度減少，$\varepsilon<0$，應受有壓應力 $\sigma<0$，而梁中必然存在某軸尺寸長度不增不減，$\sigma=0$，此位置可證爲主軸通過形心，稱該軸爲中立軸（N.A.）。注意，上開結論有諸多假設，不在此贅述。

2. 若已知材料之楊氏係數 E，則可推導出 $\kappa=\dfrac{M}{EI_{N.A.}}$ 及 $\sigma=\dfrac{My}{I_{N.A.}}$，圖三爲斷面受正彎矩影響之應力分布圖，中立軸以上爲受壓區，$\sigma_{c,\,max}=\dfrac{My_c}{I_{N.A.}}$；以下爲受拉區，$\sigma_{t,\,max}=\dfrac{My_t}{I_{N.A.}}$，故可知受彎破壞之構材多由斷面邊緣處先發生拉、壓破壞。

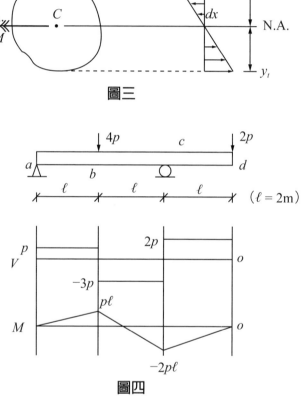

圖三

圖四

（$\ell=2\text{m}$）

3. 考慮一受有外加負載之直梁如圖四所示，斷面如圖五，又已知壓應力最大容許值 $(\sigma_c)_{all}=5\text{MPa}$、拉應力 $(\sigma_t)_{all}=3\text{MPa}$，問最大 P 力爲何？首先，利用剪力彎矩圖分析 b 及 c 處受有最大正、負彎矩，稱爲「臨界斷面」；其二、分析斷面 I_c

30cm

（正三角形）

圖五

值有 $\dfrac{bh^3}{36} = \dfrac{(30)(15\sqrt{3})^3}{36} \times 10^{-4} (\text{m}^4)$；

其三、b 點處有 $(\sigma_c)_{max} = \dfrac{(p\ell)(5\sqrt{3}) \times 10^{-2}}{I_c}$

$(\sigma_T)_{max} = \dfrac{(p\ell)(10\sqrt{3})}{I_c}$ 而 c 點處有 $(\sigma_c)_{max} = \dfrac{(2p\ell)(10\sqrt{3}) \times 10^{-2}}{I_c}$

$(\sigma_T)_{max} = \dfrac{(2p\ell)(5\sqrt{3}) \times 10^{-2}}{I_c}$；其四、由容許值可知

$(\sigma_c)_{max}$ 在 c 點處 $\leq 5 \times 10^6 (\text{Pa})$、$(\sigma_T)_{max}$ 在 b 點處 $\leq 3 \times 10^6 (\text{Pa})$；最後，發

生壓力破壞時之 $P_1 = \dfrac{(5 \cdot 10^6)I_x}{2\ell(10\sqrt{3} \times 10^{-2})} = 1055\text{N}$，而

張力破壞時之 $P_2 = \dfrac{6}{5}P_1 = 1266\text{N}$，故當 p 由零漸增達

1055N 時，直梁在 c 點處先於梁底發生壓力破壞。

4-23　斷面受彎剪之剪應力分析

1. 考慮一簡支梁在梁正中受
   有外力 $2P$ 如圖一所示，經
   內力分析可知全梁受正彎
   矩且有 P 大小的剪力，此
   種同時受彎矩和剪力之斷
   面甚為常見，若材料之剪
   力強度不足，將分作上、
   下兩部錯開如圖二所示。

2. 現取圖二之下部繪自由
   體圖則如圖三，依「巨
   觀之剪應力互等原理」

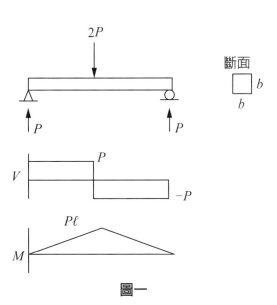

圖一

可證 $V_1 = V_2$，其中 V_2 可寫爲 $\tau \cdot b$，而 V_1 可證爲 $\frac{VQ}{I}$，此 V 即內力分析 V 圖之 $V = P$，至於 Q 爲「面積一次矩」，需視假想的破壞面位置而計算有所不同，如圖四，我們分析此斷面之正中，則「面積」爲陰影部分，而「一次矩」爲該陰影部分

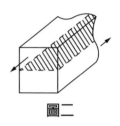

圖二

的形心至中立軸的最短距離，故 $Q = r \cdot A = \frac{b}{4}(b)\left(\frac{b}{2}\right) = \frac{b^3}{8}$，是以，回到

$V_1 = V_2$，可寫爲 $\dfrac{(p)\left(\dfrac{b^3}{8}\right)}{\dfrac{b(b^3)}{12}} = \tau \cdot b \Rightarrow \tau = \dfrac{3p}{2b^2}$

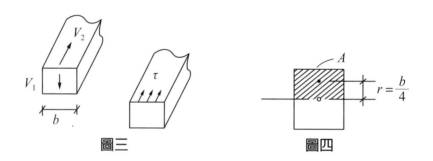

圖三　　　　　　　圖四

3. 計算 Q 值的切面亦可上下平移，確定其變化趨勢，如圖五所示，例如當此面積接近梁頂時 A 將趨近爲零，連帶使 τ 亦趨於零，同理，梁底之 τ

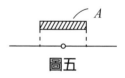

圖五

亦爲零。至於矩形心上、下 $\frac{b}{4}$ 處的 τ，其值應爲 $\frac{9}{8}\frac{p}{b^2}$，若再多計算幾處將之展開，可約略繪出圖六，是以，此種斷面之 τ_{max} 發生在中立軸上的水平切面，若材料之 $\tau_{all} < \tau_{max}$ 則發生剪力破壞。

4. 讀者宜注意此例斷面為矩形才有圖六趨勢，若斷面為圓形或其他形狀
   則 τ_{max} 未必一定在中立軸位置！

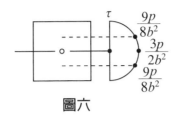

圖六

4-24 斷面受彎剪之剪應力分析例說之一

例說

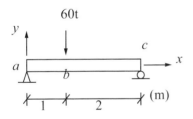

上圖為梁受集中負載 $60t$ 向下，
右圖為梁之斷面，由四塊木板接合而成。 已知 $F_{釘} = 0.5t$／支，
試設計 A、B 兩處之釘子間距 S 及 C、D
兩處之焊接強度

1. 本題之釘子與焊接均是防止 4 個矩形木板沿軸向分離解體，其破壞面
   自屬剪力破壞，故須分析 A、B、C 及 D 處之剪應力以設計釘子間距 S
   及焊接強度。

另因板厚 t 小於 10 倍之外觀尺寸,故在 B 及 D 處可假設 τ 均布於界面。

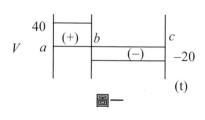

圖一

2. 首先繪製剪力圖分析最大剪力值 V_{max} 及發生處如圖一,可知在 $a \sim b$ 段有 $V_{max} = 40t$

3. 計算面積慣性矩 $I_{N.A.} = \frac{1}{12}[(150)(200)^3 - (120)(170)^3] = 5.087 \times 10^7 \text{ mm}^4$

4. 取 A、C 板之交界面,如圖二,分析

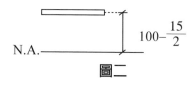

圖二

A、C 處之剪應力如下:

$Q_1 = (150)(15)\left(100 - \frac{15}{2}\right) = 208125 \text{ mm}^3$

$V_1 = \frac{VQ}{I_{N.A.}} = \frac{40(208125)}{5.087 \times 10^7} = 0.164 \text{ t}$

又 A 處與 C 處「各負擔一半」,故 $f_A = f_C = 0.5V_1 = 0.082 \text{ t}$

$\tau_A = \frac{f_A}{t} = 5.47 \times 10^{-3} \text{ t/mm}$,故 $\frac{0.5}{S_A} = 5.47 \times 10^{-3} \Rightarrow S_A = 91.5 \text{ mm}$

另 $\tau_C = \tau_A = 5.47 \times 10^{-3} \text{ t/mm}$ 即焊接強度

5. 至於 B、D 處之剪應力,取其交界面如圖三,可知其 Q 值必小於 Q_1,連帶其 τ 值亦較小,故只要依上開計算作為需求強度設計即可。為考慮施工之便利性,可建議釘子間距為 9cm,焊接強度為 $5.5 \times 10^{-3} \text{ t/mm}$

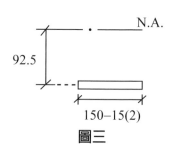

圖三

4-25 斷面受彎剪之剪應力分析例說之二

例說

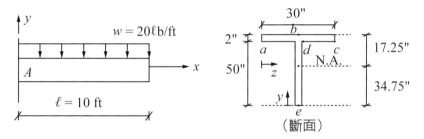

（斷面）

一懸臂梁受均布負載 W 作用如圖所示，求直梁 A 處斷面上 τ 的分布情形

1. 本題須將 τ 之分布曲線繪出，必須考慮函數之分段點，觀察應有梁翼之水平和垂直兩方向及梁腹垂直方向之剪力破壞面三種，須各自設定廣義座標 z、y' 及 y

2. 內力分析可知在 A 處有 $V_{max} = 200\,\ell b(\downarrow)$，而 $I_{N.A} = 46203.33$ in^4

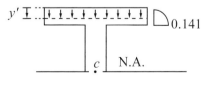

3. 梁翼部分 ab 段剪應力（水平方向）

   $Q_1 = (2z)(17.25 - 1) = 32.5z \quad (0 \le z \le 15")$

   $\tau_1 = \dfrac{VQ_1}{I(2)} = 7.034 \times 10^{-2}(z)$，$\tau_{max} = \tau_1(z = 15) = 1.005$(psi)

4. 梁翼 ab 段剪應力（垂直方向）

   $Q_2 = (30y')\left(17.25 - \dfrac{y'}{2}\right)$

   $\tau_2 = \dfrac{200(30y')(17.25 - y'/2)}{I(30)} \quad (0 \le y' \le 2)$

   $\tau_{max} = \tau_2(y' = 2) = 0.141$ psi

5. de 段（垂直方向）

$$Q_3 = y(2)\left(34.75 - \frac{y}{2}\right) \quad (0 \le y \le 50)$$

$$\tau_3 = \frac{200(y)(2)(34.75 - \frac{y}{2})}{I(2)}$$

$$\tau_{max} = \tau_3(y = 34.75) = 2.614 \text{ psi}$$

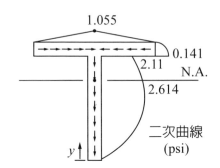

4-26 合成斷面應力分析及例說

1. 考慮有兩種不同材料相連合成一構件，其橫斷面如圖一所示，並受一彎矩作用其上，假設兩材料間固結如同一材料，則變形後之斷面仍為平面，因而有圖二之應變圖，再引用虎克定律繪出圖三可知兩材料承受之應力變化在交界處須視 E_1 和 E_2 而有三種可能線形。

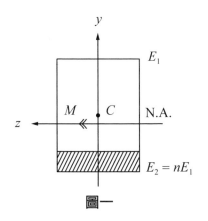

圖一

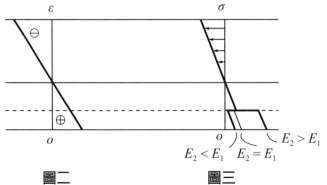

圖二　　　　圖三

2. 在均質斷面中，中立軸必通過其形心 C，如此才方便我們計算 $\sigma = \dfrac{My}{I}$ 之 y 及 I 值，但合成斷面之中立軸須使用「轉換斷面法」推得。我們將 E_2 材料的寬度對稱地放大 $n = \dfrac{E_2}{E_1}$ 倍此 n 值稱彈性模數比，如圖四所示，而中立軸必通過轉換後之新斷面的形心 C_2！

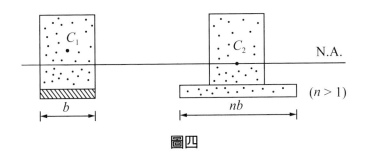

圖四

3. 圖五為一直梁承受正彎矩 $M = 6\,\mathrm{kN\text{-}m}$ 之斷面，求兩材料所受之 $(\sigma_c)_{max}$ 及 $(\sigma_T)_{max} = ?$ 我們可先計算 $n = \dfrac{E_2}{E_1} = 20$，接著以轉換斷面法繪出圖六，並利用組合式面積形心公式解得 $h_1 = 124.85\,\mathrm{mm}$，$h_2 = 37.15\,\mathrm{mm}$，接著使用平行軸定理解得 $I_{N.A.} = 8.897 \times 10^{-5}(\mathrm{m}^4)$；最後由 $\sigma = \dfrac{My}{I}$ 公式得上方材料有

$$(\sigma_c)_{max} = \frac{6(h_1)}{I_{N.A.}} = 8.42(\mathrm{MPa})、$$

$$(\sigma_T)_{max} = \frac{6(h_2 - 12)}{I_{N.A.}} = 1.70(\mathrm{MPa})，$$

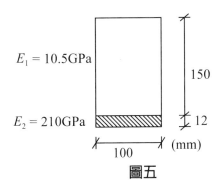

圖五

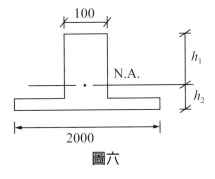

圖六

而下方材料因全部位於拉力區，故 $(\sigma_c)_{max} = 0$，$(\sigma_T)_{max} = \dfrac{6(h_2)}{I_{N.A.}} \cdot 20 = 50.11$ (MPa)，注意在計算下方材料應力時要 σ 值乘上 n 以反映原本材料 E_2 值之不同。

4-27 圓斷面受扭矩之剪應力分析及轉換「密度」法例說

1. 考慮一半徑爲 R 之圓柱受有扭矩 T 之負載作用如圖一，可證該斷面上任一材料點上存有剪應力 $\tau = \dfrac{T\rho}{J_0}$，$\rho$ 則介於 $0 \sim R$ 之間，如依此式繪出 τ 之分布則應如圖二所示，故圓柱受純扭破壞，首發現象爲表面發生剪力破壞如剝殼一般！注意 τ 之方向應與 T 之方向一致。

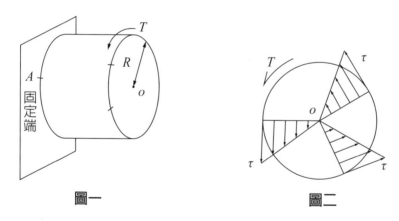

圖一   圖二

2. 上式僅能用於變形後之斷面仍爲平面者，例如圖三中的①及②，至於③和④則不可用此式！

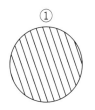
①

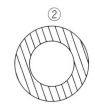
②

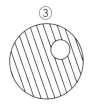
③

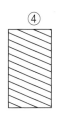
④

圖三

3. 此公式亦可用於兩個不同材料組成之
「卷心餅」式的圓柱，如圖四所示為
一承受扭矩 T 之斷面，其剪力彈性係
數 G_1 及 G_2 為已知數，試求各材料所
受之 τ_{max} 分別為何？我們可引用前述轉
換斷面法之概念，E 愈大，尺寸愈放
大，而在此是 G 愈大，密度愈增加，
是以，計算 J_t 時採組合式疊加，G_2 材

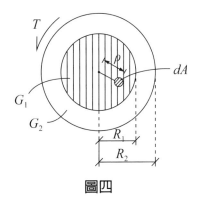

圖四

料為空心圓，故有 $J_{t_2} = \dfrac{\pi(R_2^4 - R_1^4)}{2}$，而 G_1 材料為實心圓，再考慮彈性

模數比 $n = \dfrac{G_1}{G_2}$，其 $J_{t_1} = n \cdot \dfrac{\pi R_1^4}{2}$，故全斷面之 $J_t = J_{t_2} + J_{t_1}$，注意此時之斷

面為假想斷面。接著計算 τ_{max}，2 號材料之 τ_{max} 在最邊緣處故

$(\tau_2)_{max} = \dfrac{T \cdot R_2}{J_t}$，而 1 號材料之 τ_{max} 在兩材料交界處，唯須記得將 n 乘回

以符原本斷面，故 $(\tau_1)_{max} = n \cdot \dfrac{T \cdot R_1}{J_t}$

4-28 薄壁壓力容器的應力分析

1. 考慮有一圓筒型的壓力容器，我們持續往裡面灌氣形成內外壓差為 p，令 $\langle x\,y\,z \rangle$ 如圖一所示（x：軸向、y：環向、z：徑向），試分析外表面 A 點及內表面 B 點之最大剪應力，並預判當壓差過大致容器破壞時，其破壞面為何？

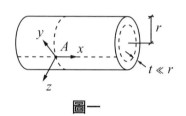

圖一

2. 本題可用切面法分析內力，沿環向切開之自由體圖如圖二所示，由 $\Sigma F_x = 0$ 有 $\sigma_x = \dfrac{pr}{2t}$，沿軸向切開之自由體圖如圖三所示，由 $\Sigma F_y = 0$ 有 $\sigma_y = \dfrac{pr}{t}$，可知當 p 增加時，$\sigma_y = 2\sigma_x$。

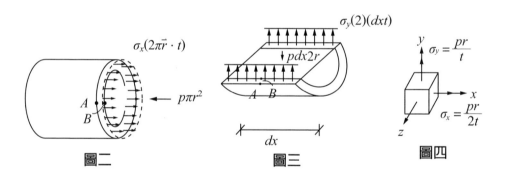

圖二　　　　圖三　　　　圖四

3. 接著討論 τ_{max}，必須分為 A 及 B 兩點分析，外表面在徑向上壓差為零，可繪三維應力態如圖四所示，再用三維莫耳球繪圖五可分析得 $\tau_{max} = \sigma_a$；同理，B 點在位於內表面有壓差 p，由圖六、圖七得 $\tau_{max} = \sigma_x + \dfrac{p}{2}$，

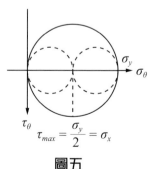

圖五

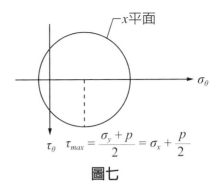

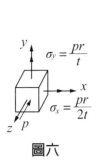

圖六

圖七

4. 承上可知，若此材料的抗拉或抗剪應力容許值均同，則應以圖三之切面發生張力破壞，另外，因內表面剪應力略大於外表面，故由內向外爆裂，碎塊呈長條狀。

5. 最後，球型壓力容器可視爲圓筒型壓力容器的特例，不論是由軸向、環向或徑向之切面均與圖二同，有 $\sigma_x = \sigma_y = \dfrac{pr}{2t}$，故碎塊呈矩形狀！

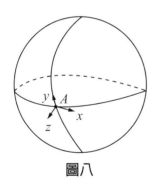

圖八

4-29 薄壁壓力容器的應力分析例說

例說

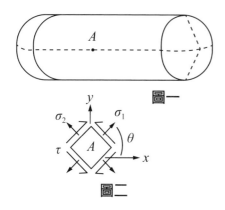

圖一

圖二

1. 圖一為一圓筒型壓力容器，點 A 於外表面上，應力態如圖二
已知內徑 $r = 10''$、$t = 0.5''$、
$E = 30 \times 10^6$ psi、$\mu = 0.3$，
$\sigma_1 = 18$ ksi、$\sigma_2 = 12$ ksi（x：軸向，y：環向）
試求 p、θ、τ

2. 本題先繪出 A 點之三維應力態如圖二所示，而 σ_x 和 σ_y 為兩正交方向，又 σ_1 和 σ_2 亦為兩正交方向，依莫耳圓 $\sigma_x + \sigma_y = \sigma_1 + \sigma_2$ 可知，可解得 $p = 1$ ksi

$$\frac{pr}{t} = 20p = \sigma_y$$

$$\frac{pr}{2t} = 10p = \sigma_x$$

圖二

3. p 既解得，可直接由公式解得 θ 和 τ：

$$\sigma_\theta = \frac{\sigma_x + \sigma_y}{2} + \frac{\sigma_x - \sigma_y}{2}\cos 2\theta + \tau_{xy}\sin 2\theta$$

$$18 = 15 - 5\cos 2\theta \Rightarrow \theta = 63.43°$$

又 $\tau_\theta = -\frac{\sigma_x - \sigma_y}{2}\sin 2\theta + \tau_{xy}\cos 2\theta \Rightarrow \tau = 4$ ksi

第5章
結構學

5-1 結構學概要和共軛梁法釋義

1. 在 4-22 節中給出一公式 $\kappa = \dfrac{M}{EI}$，此 κ 即爲變形曲線 y 的二次微分，而 4-3 節又揭示了 $M' = V$，$V' = W$，是以，以 $K = \dfrac{M}{EI}$ 之等號爲界，利用數學上的巧合：

真實梁	虛擬梁
y	$\overline{M}$
$y'(=\theta)$	$\overline{M}'(=\overline{V})$
$y''\left(=\dfrac{M}{EI}\right)$	$\overline{M}''(=\overline{W})$

2. 考慮如圖一之眞實梁，由 A 端 $\theta_A \neq 0$ 推得共軛梁上 $\overline{V_A} \neq 0$，而 $y_A = 0$ 推得共軛梁上 $\overline{M_A} = 0$；至於 B 端因 y_B 爲 θ_B 均爲零，故在共軛上 $\overline{V_B}$ 及 $\overline{M_B}$ 均爲零，如此便繪出共軛梁如圖二所示。請注意變位使用卡氏座標第一象限，而內力使用內力符號系統，兩系統恰好互相配合可免人工校正正負號。以外，虛擬梁非眞實存在，故「浮在空中」也不足爲奇！

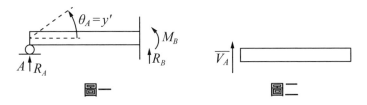

圖一 　　　　　　　　　　　　　圖二

3. 以下是常見的支承與接續共軛化的結果

真實梁	共軛梁
$\theta_a = y'$　$y = 0$ $y' = 0$	a $\overline{V_a}$
$y = 0$ $y' = 0$	a
$y \neq 0$ $y' = 0$	a $\overline{M_a}$
$y = \dfrac{Fs}{k}$ $y' \neq 0$　F_S	$\overline{M_a}$　$\overline{V_a}$　其中 $\overline{M_a} = \dfrac{Fs}{k}$ ，正負號依照所假設 F_s 之方向配合 $\langle xy \rangle$ 決定
M_S　$y = 0$ $y' = \dfrac{Ms}{k_t}$	$\overline{V_a} = \dfrac{Ms}{k_t}$
θ_L　θ_R　y_a $y'_L \neq y'_R$ $y_L = y_R = y_a$	$\overline{F}$　a　$\overline{m}$　內力 $\overline{m} = y_a$ $\overline{F} = \theta_R - \theta_L$
$y_L \neq y_R$ $y'_L = y'_R$　a	$\overline{m}$　a　$\overline{m} = y_R - y_L$
$y_L = y_R$ $y'_R - y'_L = \dfrac{m_s}{k_t}$　a	$\overline{F}$　a　$\overline{m}$　內力 $\overline{m} = y_a$ $\overline{F} = \theta_R - \theta_L = \dfrac{m_s}{k_t}$

5-2 共軛梁法例說之一

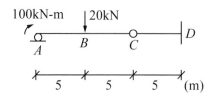

一直梁受負載如左圖，EI 為定值，試以共軛梁法求 AC 段之 y_{max}、y_c、$(\theta_c)_{L/R}$ 及 A 點 θ_A（已知 y_{max} 發生在 BC 段）

1. 本題自 C 處解開可利用靜平衡方程式解出支承反力，再以剪力彎矩圖繪得彎矩圖，接著將 M 值除以 EI 得 κ 圖如圖一所示。

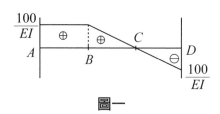

圖一

2. 將真實梁共軛化，A 點支承因 $y'_A \neq 0$ 故有 $\overline{V}_A$，C 點接續因 $\theta_{CL} \neq \theta_{CR}$ 故有 $\overline{F}_C$，D 點支承 $y_D = 0$、$y'_D = 0$，故 $\overline{V}_D$ 及 $\overline{M}_D$ 均為零。我們將虛擬梁擺在 $\langle xy \rangle$ 的第一象限，並將 κ 圖視同分布力設置於其上成圖二，其中 $\overline{F}_1$、$\overline{F}_2$ 及 $\overline{F}_3$ 可先等效為集中力有 $\overline{F}_1 = \dfrac{500}{EI}$、$\overline{F}_2 = \dfrac{250}{EI}$、$\overline{F}_3 = \dfrac{250}{EI}$。

圖二

3. 此共軛梁視同平面平行力系，可以 2 條靜平衡方程式解 $\overline{F}_C$ 及 $\overline{V}_A$

$$\Sigma M_A = 0 : \overline{F}_1\left(\frac{5}{2}\right) + \overline{F}_2\left(5 + \frac{5}{3}\right) + \overline{F}_C(10) - \overline{F}_3\left(10 + \frac{10}{3}\right) = 0$$

$$\Rightarrow \overline{F}_C = \frac{41.67}{EI}(\uparrow)$$

$$\Sigma F_y = 0 : \overline{V}_A = -\overline{F}_1 - \overline{F}_2 - \overline{F}_C + \overline{F}_3$$

$$= \frac{-958.3}{EI} = \theta_A(\curvearrowright)$$

4. 題目欲求 y_c 及 $(\theta_c)_{L/R}$，即虛擬梁之 $\overline{M}_C$ 和 $(\overline{V}_C)_{L/R} = \overline{V}_{CL} - \overline{V}_{CR}$，我們可以

對共軛梁施以切面法，看似求內力，實則在算變位，故有

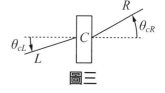

$$\overline{V}_{cR} = \overline{F}_3 = \frac{250}{EI} = \theta_{CR}(\circlearrowright)$$

$$\overline{M}_C = -\overline{F}_3\left(\frac{10}{3}\right) = -\frac{833.3}{EI} = y_c(\downarrow)$$

$$\overline{V}_{cL} = \overline{V}_{cR} - \overline{F}_C = \frac{208.3}{EI} = \theta_{cL}(\circlearrowright)$$

$$(\theta_c)_{L/R} = \frac{-41.67}{EI}\ (\circlearrowright)$$

其中 C 點真實梁之傾角如圖三所示，人在 R 處看 L 以順時針方向接近。

5. 因 y_{max} 在 BC 段，定廣義座標 x 寫出該段

之 $\overline{V}$ 的內力函數，如圖四所示，$\overline{M}_E$ 之極值

必在 $\overline{M}'_E = \overline{V}_E = 0$ 處，如此便為 2 條方程式解

x 及 $\overline{M}_E$ 如下：

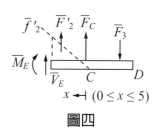

圖三

$$\overline{f}'_2 = ax + b,\ (x = 0, \overline{f}'_2 = 0;\ x = 5, \overline{f}'_2 = \frac{100}{EI})$$

$$\Rightarrow \overline{f}'_2 = \frac{20}{EI}x \Rightarrow \overline{F}'_2 = \frac{20}{EI}x^2\left(\frac{1}{2}\right) = \frac{10}{EI}x^2$$

$$\Sigma F_y = 0:\ \overline{V}_E + \overline{F}'_2 + \overline{F}_C - \overline{F}_3 = 0$$

$$令\overline{V}_E = 0 \Rightarrow x = 4.564\text{m}$$

$$\Sigma M = 0:\ \overline{M}_E = \frac{-814.42}{EI} = \overline{M}_{max} = y_{max}(\downarrow)$$

圖四

5-3 共軛梁法例說之二

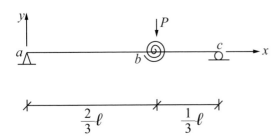

左圖直梁在 b 點處受外加負載，其上的旋轉彈簧勁度 $k_T = \dfrac{3EI}{\ell}$，求 $y_b = ?$

1. 本題如 b 處無旋轉彈簧將成為不穩定結構，加上彈簧後成靜定梁，可解出支承反力 $R_a = \dfrac{1}{3}P(\uparrow)$、$R_c = \dfrac{2}{3}P(\uparrow)$。

2. 繪 $\dfrac{M}{EI}$ 圖及共軛梁如圖一所示，注意 $\overline{V}_C$ 需設在內力符號系統之正向即向下，依等效力系有 $\overline{F}_1 = \dfrac{2P\ell^2}{27EI}$、$\overline{F}_2 = \dfrac{P\ell^2}{27EI}$。

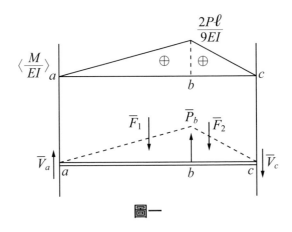

圖一

3. 我們發現未知數有 $\overline{V}_a$、$\overline{V}_c$ 及 $\overline{P}_b$ 三個，但靜平衡方程式僅有 2 條，故須引入彈簧虎克定律 $M = k_T(\theta_{bR} - \theta_{bL})$，由真實梁分析在 b 處彎矩為 $\dfrac{2P\ell}{9}$，故 $\theta_{bR} - \theta_{bL} = \dfrac{M}{k_T} = \dfrac{2P\ell^2}{27EI}$，此值大於零表示 $\kappa > 0$，梁之線型向上彎曲呈微笑狀，與內彎矩 M 為正相互配合，如將真實梁 b 點之左、右傾角繪

出則如圖二所示。

4. 最後，代回靜平衡方程式可解得 $\overline{V}_a$ 及 $\overline{V}_c$，

再以切面法沿 b 處切開得 $\overline{M}_b = -\dfrac{8P\ell^3}{243EI} = y_b(\downarrow)$

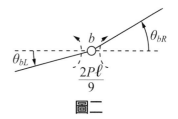

圖二

5. 現設想有一梁，梁頂及梁底溫度為 T_1 及 T_2 且 $T_1 < T_2$，因上冷下熱，則該梁會上彎如圖三之虛線，此效應與受純彎有相同變形，可證 $\kappa = \dfrac{\alpha \cdot \Delta T}{h}$，其中 h 為梁之全深。

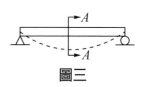

圖三

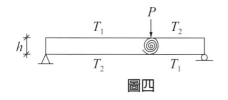

圖四

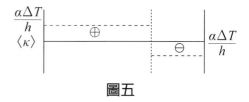

圖五

6. 回到本題若存有溫差如圖四所示，則可將溫差效應另外繪出 κ 圖如圖五，並將其視同負載置於虛擬梁上，注意若上熱下冷則下彎，κ 值為負。

5-4 單位力法釋義及例說之一

1. 單位力法之原理為一單位力就其虛位移所生的功將等於系統整體所生之應變虛能。

2. 下圖一桁架之 $AE = 2.1 \times 10^4$ (t)、$\alpha = 10^{-5}$ (1/℃)、支承 a 點上升 $\Delta_0 = 2 \times 10^{-3}$(m)，求 $\Delta c = ?$ 以此例說明單位力法之使用步驟，首先 c 點並無與支承連接，故可自由向下變位 C_V 及向右變位 C_H，因 C_V 方向有負載 10t，故不必自定義負載，反之，C_H 方向則需加上負載 Q。

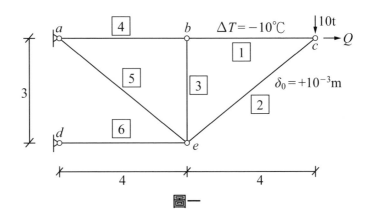

圖一

3. 判別零力桿件有 ③ 桿，因不儲存應變能可直接將之移除，然後令 10t = P，進行各桿內力分析，本題使用節點法可得 $S_1 = Q + \frac{4}{3}P$、$S_2 = -\frac{5}{3}P$、$S_4 = Q + \frac{4}{3}P$、$S_5 = \frac{5}{3}P$、$S_6 = -\frac{8}{3}P$，此部分之內力是要拿來計算虛位移。

4. 接著令 $P = 1$ 繪圖二、$Q = 1$ 繪圖三，我們稱此為「假想結構」因題目設支承 a 有位移，故須特別計算 A_y，至於其他支承反力因位移為零不作功故可免算。

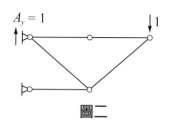

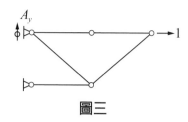

圖二　　　　　　　　　　　　　圖三

5. 建立計算表，將各圖之各桿內力均寫出，此時要將非負載仍會導致變形的因素改以內力的型式掛上，例如 $\boxed{1}$ 桿溫降 $10°C$，則有 $S_1^* = AE\alpha\Delta T = -2.1$，$\boxed{2}$ 桿過長 10^{-3}m，「壓回」所生反作用力為張力，故有 $S_2^* = \dfrac{AE}{L} \cdot \delta_0 = 4.2$

桿件	ℓi	$S_i(P=10, Q=0)$	$\langle B \rangle$ $P=1, Q=0$	$\langle C \rangle$ $P=0, Q=1$
$\boxed{1}$	4	$\dfrac{40}{3} + S_1^*$	$\dfrac{4}{3}$	1
$\boxed{2}$	5	$-\dfrac{50}{3} + S_2^*$	$-\dfrac{5}{3}$	0
$\boxed{4}$	4	$\dfrac{40}{3}$	$\dfrac{4}{3}$	1
$\boxed{5}$	5	$\dfrac{50}{3}$	$\dfrac{5}{3}$	0
$\boxed{6}$	4	$-\dfrac{80}{3}$	$-\dfrac{8}{3}$	0

6. 最後才是單位力法的正式上場，聯合圖一及圖三，圖三上 1 單位的力所作之功為各桿應變能加總，故有 $1 \cdot C_H = \sum\limits_i \dfrac{n_i \cdot S_i \ell_i}{AE} = \dfrac{1}{AE}\left[\left(\dfrac{40}{3} + S_1^*\right)(1)(4) + \left(\dfrac{40}{3}\right)(1)(4)\right] = 4.679 \times 10^{-3}$(m)($\rightarrow$)，正值表 C_H 之方向與 Q 一致；同理聯合 A 及 B 圖有 $Ay \cdot \Delta 0 + 1 \cdot C_V = \dfrac{1}{AE}\left[(4)\left(\dfrac{40}{3} + S_1^*\right)\left(\dfrac{4}{3}\right) + (5)\left(-\dfrac{50}{3} + S_2^*\right)\right.$ $\left(-\dfrac{5}{3}\right) + (4)\left(\dfrac{40}{3}\right)\left(\dfrac{4}{3}\right) + (5)\left(\dfrac{50}{3}\right)\left(\dfrac{5}{3}\right) + (4)\left.\left(-\dfrac{80}{3}\right)\left(-\dfrac{8}{3}\right)\right] \Rightarrow C_V = 0.0286$(m)($\downarrow$)

5-5 單位力法例說之二

例說

一直梁在 C 處受有外加負載，EI 爲定值，求 ΔB

1. 單位力法如何求解梁之撓度？首先既然爲單位力法，必有一假想結構，型式與原眞實結構相同，而上有 1 單位之力量作用在欲解算撓度之位置，如圖一 -1 所示。

2. 使用剪力彎矩圖內力分析，可繪出圖一 -2，此爲假想結構上各材料點上所受之內力，稱 m 圖，我們可觀察到其內力分布應分作 AB 及 BC 段討論如圖一 -2。

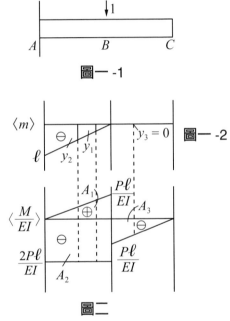

3. 返回原結構分析內力以產生虛位移，此處之分段須配合 m 圖，亦即先切 B 點左側分析，會發現有 A 處的兩支承反力 R_A 及 M_A 對內力矩有貢獻，分別處理並疊加之；再切 B 點右側以同法繪製，此手法稱組合彎矩圖，是內力圖的一種分段手法。

4. 在正式使用單位力法之前，已知假想結構上 1 單位力所作的功爲 $1 \cdot \Delta B$，那全梁之應變能應如何計算？首先將組合彎矩圖同除以 EI 成 $\langle \frac{M}{EI} \rangle$ 即 k 圖如圖二所示，參考其上有 3 個面積 A_1、A_2 及 A_3，可見應變能有

3 份需加總，在各自面積之形心位置上找得對應的 m 有 y_1、y_2 及 y_3，將 A 和 y 相乘即該份應變能之值，是以，有 $A_1 = \dfrac{P\ell^2}{2EI}$；$A_2 = \dfrac{-2P\ell^2}{EI}$；$A_3 = \dfrac{-P\ell}{2EI}$；$y_1 = -\dfrac{\ell}{3}$；$y_2 = -\dfrac{\ell}{2}$；$y_3 = 0$，而應變能則為 $A_1y_1 + A_2y_2 + A_3y_3$。此種相乘後疊加之法在數學上稱「體積積分法」。

5. 最後才是單位力法的正式上場，即假想結構上 1 單位力所作之功應等於系統增加之應變能，故有 $1 \cdot \Delta B = \dfrac{P\ell^2}{2EI}\left(-\dfrac{\ell}{3}\right) + \left(\dfrac{-2P\ell^2}{EI}\right)\left(-\dfrac{\ell}{2}\right) + \left(\dfrac{-P\ell}{2EI}\right) \cdot 0 = \dfrac{5P\ell^3}{6EI}$，最後答案為正代表變位方向與單位力作用方向同向，即作正功之意。

6. 單位力法亦可用於剛架及求解轉角，考慮一剛架如圖三所示，已知 EI = 30000kN・m^2 求 θ_{CL} 及 θ_{CR} 為何？因擬使用單位力法，必須先畫出假想結構，而一個結構代表一條方程式解一個變位，故須繪出 2 個假想結構之 m 圖如三 -1 及三 -2，注意 1 單位力此時配合 θ_{CL} 和 θ_{CR} 須以力偶矩的型式出現，方向可自行假設但應注意內力之正負號須配合 κ 圖，此部分之符號系統與共軛梁法相同，差別只在桿的軸向不一定水平而已。

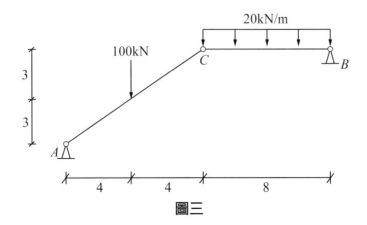

圖三

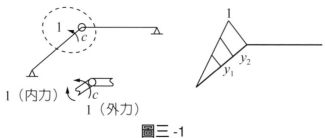

圖三 -1

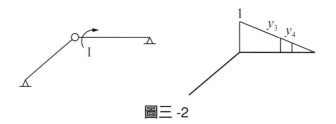

圖三 -2

7. 接著回到原結構分析內力以計算虛位移，此為靜定結構可先求出支承反力，然後分成兩個桿件分析繪出 $\dfrac{M}{EI}$ 圖如圖四。

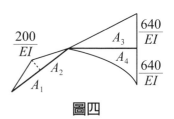

圖四

8. 我們將 A 及 y 值列表如下：

i	A_i	y_i
1	$\dfrac{500}{EI}$	$\dfrac{1}{3}$
2	$\dfrac{500}{EI}$	$\dfrac{2}{3}$
3	$\dfrac{2560}{EI}$	$\dfrac{1}{3}$
4	$-\dfrac{1707}{EI}$	$\dfrac{1}{4}$

9. 最後建立單位力法方程式解 θ_{CL} 及 θ_{CR} 有：

$$1 \cdot \theta_{CL} = A_1 y_1 + A_2 y_2 = \frac{1}{3}\left(\frac{500}{EI}\right) + \frac{2}{3}\left(\frac{500}{EI}\right) = \frac{500}{EI}(\circlearrowright)$$

$$1 \cdot \theta_{CR} = A_3 y_3 + A_4 y_4 = \frac{1}{3}\left(\frac{2560}{EI}\right) + \frac{1}{4}\left(-\frac{1707}{EI}\right) = \frac{426.67}{EI}(\circlearrowleft)$$

5-6 單位力法例說之三

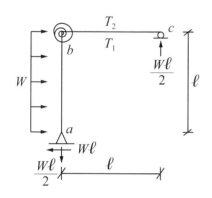

有一結構系統如左圖所示，b 點為一旋轉彈簧，勁度 $k_t = \frac{3EI}{\ell}$，c 點支承有下陷 $\frac{\ell}{500}$，又 $T_1 > T_2$，線膨脹係數 α、梁深 h，試求 b_H、θ_{bR} 及 θ_{bL}

1. 利用本題說明旋轉彈簧和溫差變形在單位力法中的角色。

2. 首先，本結構為靜定，可解支承反力（已標示於題上）和內力分析，再次強調：真實結構分析內力之目的是要算其虛位移以便和假想結構組成應變能！剛架之內力分析如圖一所示，各桿自行設定 $\langle xy \rangle$，均由左至右擺於

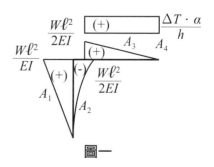

圖一

第一象限，溫升所生之 κ 形成 A_4，另外彈簧的內力 $M_s = \dfrac{W\ell^2}{2}$，此屬內

力分析。我們可先將各面積值求出有 $A_1 = \dfrac{W\ell^3}{2EI}$、$A_2 = -\dfrac{W\ell^3}{6EI}$、$A_3 = \dfrac{W\ell^3}{4EI}$、

$A_4 = \dfrac{\Delta T \cdot \alpha}{h} \cdot \ell$。

3. 接著繪出對應 b_H、θ_{bR} 及 θ_{bL} 的三個假想結構並進行內力分析，如圖二
   所示，彈簧之內力要記得一旁寫出。注意 1 單位力矩加在 b 點右側，
   彈簧是不會變形的。

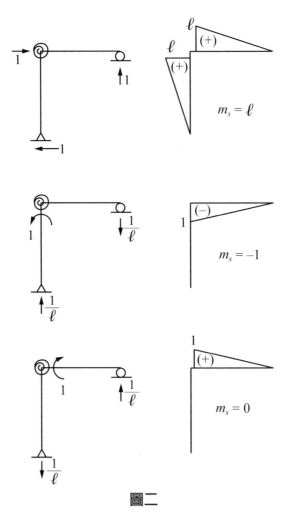

圖二

4. 最後便是體積積分法和單位力法的上場，彈簧的應變能在此場合爲 $\dfrac{M_s}{k_t}$ ・ m_s，是以：

(1) $y_1 = \dfrac{2}{3}\ell$ ； $y_2 = \dfrac{3}{4}\ell$ ； $y_3 = \dfrac{2}{3}\ell$ ； $y_4 = \dfrac{\ell}{2}$

$1 \cdot \left(-\dfrac{\ell}{500}\right) + 1 \cdot b_H = A_1 y_1 + A_2 y_2 + A_3 y_3 + A_4 y_4 + \dfrac{W\ell^2}{2k_t}(\ell)$

$\Rightarrow b_H = \dfrac{\ell}{500} + \dfrac{13W\ell^4}{24EI} + \dfrac{\alpha \Delta T}{2h}\ell^2$

(2) $y_1 = 0$ ； $y_2 = 0$ ； $y_3 = \dfrac{2}{3}$ ； $y_4 = \dfrac{1}{2}$

$\dfrac{1}{\ell}\left(\dfrac{\ell}{500}\right) + 1 \cdot \theta_{bL} = A_3 y_3 + A_4 y_4 + \dfrac{W\ell^2}{2k_t}(-1)$

$\Rightarrow \theta_{bL} = -\dfrac{W\ell^3}{3EI} + \dfrac{\Delta T\alpha\ell}{2h} - \dfrac{1}{500}$

(3) $y_1 = 0$ ； $y_2 = 0$ ； $y_3 = \dfrac{2}{3}$ ； $y_4 = \dfrac{1}{2}$

$\dfrac{1}{\ell}\left(-\dfrac{\ell}{500}\right) + 1 \cdot \theta_{bR} = A_3 y_3 + A_4 y_4$

$\Rightarrow \theta_{bR} = \dfrac{W\ell^3}{6EI} + \dfrac{\Delta T\alpha\ell}{2h} + \dfrac{1}{500}$

5-7 單位力法例說之四

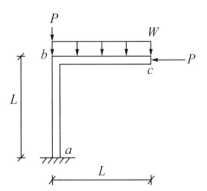

結構系統受負載如圖所示，已知 $P = 75\text{kN}$、$W = 12\text{kN/m}$、$L = 4\text{m}$、$AE = 99.54 \times 10^4 \text{kN}$；$EI = 4662\text{kN} \cdot \text{m}^2$ 求 (1) 總應變能 U；(2)c 點變位

（須考慮軸力對變位的影響）

1. 首先，解支承反力，然後自 b 點拆開分 ab 及 bc 兩桿件繪製 $\dfrac{M}{EI}$ 及 $\dfrac{S}{AE}$ 圖如圖一。

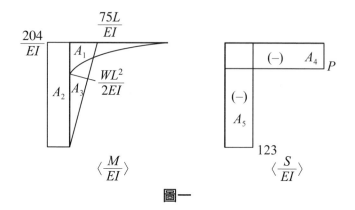

$$\langle \frac{M}{EI} \rangle \qquad \langle \frac{S}{EI} \rangle$$

圖一

2. 我們可以直接建立應變能方程式，某材料點受彎矩 M 之應變能為 $\frac{M^2dx}{2EI}$，受軸力 S 之應變能為 $\frac{S^2dx}{2AE}$，本剛架有 2 段均受有 M 和 S，故各自沿尺寸長度積分加總有 $U = \int_0^L \frac{M_1^2 dx}{2EI} + \int_0^L \frac{M_2^2 dx}{2EI} + \int_0^L \frac{S_1^2 dx}{2AE} + \int_0^L \frac{S_2^2 dx}{2AE} = 18.68 \text{(kJ)}$

3. 回到單位力法的解題上，C 點變位有 C_H、C_V 及 θ_C 三種可能性，均須各自繪出假想結構，另外，內力分析亦須有彎矩 m 和軸力 s 兩種如圖二。

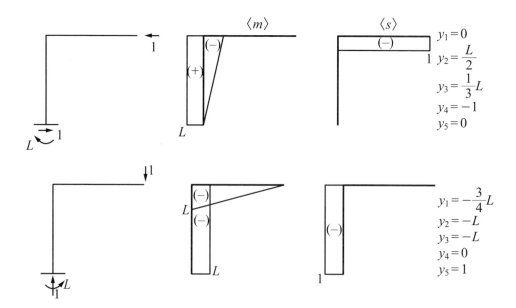

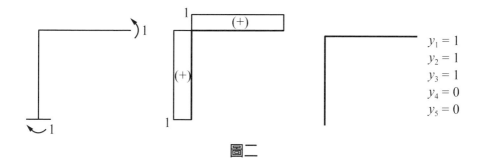

$y_1 = 1$
$y_2 = 1$
$y_3 = 1$
$y_4 = 0$
$y_5 = 0$

圖二

4. 最後，建立單位力法方程式注意在使用體積積分法時，m 及 $\dfrac{M}{EI}$ 圖、s

和 $\dfrac{S}{AE}$ 圖須各自配合，故有

$$C'_H = \sum_{i=1}^{5} A_i y_i = 17.83 \times 10^{-2} \text{m}(\leftarrow)$$

$$C'_V = \sum_{i=1}^{5} A_i y_i = -10.25 \times 10^{-2} \text{m}(\uparrow)$$

$$\theta_C = \sum_{i=1}^{5} A_i y_i = 18.87 \times 10^{-3} \text{rad}(\circlearrowleft)$$

5-8　單位力法例說之五

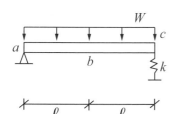

有一直梁承受均布負載如圖所示，EI 爲定值，

$k = \dfrac{2EI}{\ell^3}$，求 Δb 及 θ_b

1. 以本題說明梁中變位及直線彈簧在單位
力法中的角色。

2. 首先仍是求解支承反力並繪製組合彎矩
圖，然後再除以 EI 形成 $\dfrac{M}{EI}$ 圖，如圖一我

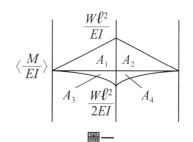

圖一

們可先算出 $A_1 = A_2 = \dfrac{W\ell^3}{2EI}$、$A_3 = A_4 = \dfrac{-W\ell^3}{6EI}$。

3. 接著繪出假想結構，本題欲求 Δb 和 θ_b，須有兩張 m 圖，如圖二及圖三所示，也順便求出 y 值，注意，m 圖中為 ab 及 bc 兩段，這也是為何 $\dfrac{M}{EI}$ 必須配合以 b 點繪組合彎矩圖成兩段的原因。

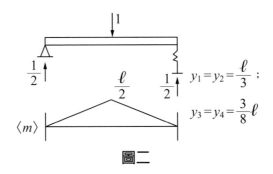

$$y_1 = y_2 = \frac{\ell}{3} \; ; \quad y_3 = y_4 = \frac{3}{8}\ell$$

圖二

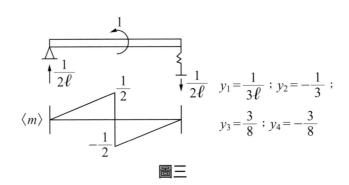

$$y_1 = \frac{1}{3\ell} \; ; \; y_2 = -\frac{1}{3} \; ; \quad y_3 = \frac{3}{8} \; ; \; y_4 = -\frac{3}{8}$$

圖三

4. 最後建立單位力法方程式，彈簧不分直線或旋轉，可用應變能和功兩角度參與皆可，在前頁我們以應變能角度解算，本題以功的觀點說明。位移方面返回真實結構觀察，彈簧受壓縮，故 c 點變位朝下，其值依虎克定律有 $\dfrac{W\ell}{k}$，故圖二中支承反力 $R_c = \dfrac{1}{2}$ 向上與位移方向相反

應作負功，故有 $-\left(\dfrac{1}{2}\right)\left(\dfrac{w\ell}{k}\right)+1\cdot\Delta b=\sum\limits_{i=1}^{4}A_i y_i \Rightarrow \Delta b=\dfrac{11W\ell^4}{24EI}(\downarrow)$，另外圖

三中同理 $\dfrac{1}{2\ell}$ 與 C 點變位同向作正功，故有 $\left(\dfrac{1}{2\ell}\right)\left(\dfrac{W\ell}{k}\right)+1\cdot\theta_b=\sum\limits_{i=1}^{4}A_i y_i$

$\Rightarrow\theta_b=-\dfrac{W\ell^3}{4EI}(\frown)$。

5. 請注意事實上單位力和單位力矩之方向可自由假設，譬如圖二之單位力可改設向上，圖三之單位力矩可改設順時針，最終結果正負號顛倒但表示之方向相同！

5-9 靜不定度的計算

1. 考慮空間中一物體受負載後支承反力的數量恰與靜平衡方程式數量相同，則我們稱靜不定度 Re 值為零，而若此支承反力之方向沒有相互平行或指向同一點，則可確保在空間中不論任何型式之負載均不會使它發生移動或轉動，可稱為「靜定結構」或「穩定結構」，另外 Re 值大於零稱「靜不定結構」。Re 值若小於零則必然不穩定，而等於或大於零則尚須判斷是否有不當拘束。

2. Re 值計算公式為 $-Re=3(m-1)-3C_3-2C_2-1\cdot C_1$，此式之 m 為構件數目（包含地球），C_n 為提供 n 個拘束的接續數目（含支承），此處所稱拘束即用切面法解開後會產生的內力，例如滾支承屬於 C_1，鉸接續屬於 C_2。另外，1 個 C_n 處理兩桿件相連，相連後就視同 1 桿件，故若有 3 個桿件相連，則須有 2 次的連接行為，故有 2 個 C_n，以下列舉四例：

結構型式	參數計算	$D=-Re=3(m-1)-3C_3-2\cdot C_2-1\cdot C_1$
	$m=2$ $C_2=1$ $C_1=1$	$D=3(2-1)-2(1)-1(1)=0$ $\Rightarrow Re=0°$
	$m=2$ $C_3=1$ $C_1=1$	$D=3(2-1)-3(1)-1(1)=-1$ $\Rightarrow Re=1°$
	$m=4$ $C_2=4$ $C_1=1$	$D=3(4-1)-2(4)-1(1)=0$ $\Rightarrow Re=0°$
	$m=3$ $C_3=1$ $C_2=1$ $C_1=1$	$D=3(3-1)-3(1)-2(1)-1(1)=0$ $\Rightarrow Re=0°$

3. 對於平面桁架則有 $Re=b+r-2j$ 之公式，其中 b：桿件數目（不含地球及恆零桿件），r：支承力數目，j：節點數目，以下舉 4 例：

結構型式	參數計算	$Re=b+r-2j$
 (a)	$b=3$ $r=3$ $j=3$	$Re=3+3-2(3)=0$
 (b)	$b=7$ $r=3$ $j=5$	$Re=7+3-2(5)=0$

結構型式	參數計算	$Re = b + r - 2j$
(c)	$b = 12$ $r = 3$ $j = 7$	$Re = 12 + 3 - 2(7) = 1$
(d)	$b = 9$ $r = 3$ $j = 6$	$Re = 9 + 3 - 2(6) = 0$

4. 當 $Re \geq 0$ 時不能保證其穩定，而應判別是否有不當拘束，例如以下兩個結構型式之 Re 均為 1，但卻不穩定。

結構型式	不當拘束情形	不穩定之定性描述
	所有支承反力相互平行	當假想負載加上時，其水平方向的分力將使 $F_x \neq 0$，致物體開始發生水平移動的趨勢
A	所有支承反力朝向同一點 A	當假想負載加上時，對 A 點取合力矩因所有反力對 A 點都不產生力矩將使 $\Sigma M_0 \neq 0$，致物體開始發生繞 A 點轉動的趨勢

5-10 結構穩定性判別

1. 結構的穩定性判別就是靜不定度計算和判斷是否有不當拘束結構，就
   考試觀點而言，只能多練習，但此範圍在高普考較罕見，以下列舉 6
   例讓讀者自行練習：

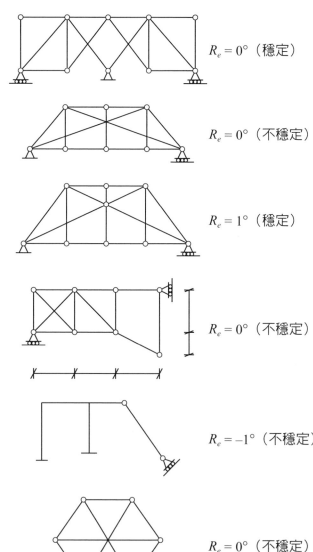

$R_e = 0°$（穩定）

$R_e = 0°$（不穩定）

$R_e = 1°$（穩定）

$R_e = 0°$（不穩定）

$R_e = -1°$（不穩定）

$R_e = 0°$（不穩定）

第6章
鋼筋混凝土學

6-1 鋼筋混凝土學概論

1. 已知若材料受力將發生變形，而此變形若遵守虎克定律 $\sigma = E \cdot \varepsilon$ 稱彈性變形，唯若該材料若持續形變，虎克定律將無法適用。若材料為純混凝土會直接開裂或壓碎，是為「脆性材料」，若是鋼筋則會進入塑性變形，如龍鬚糖拉長一般，雖發生變形但應力無法提升，此時稱該應力為降伏應力 f_y，是為「延性材料」。

2. 在設計上起初考慮混凝土成本低廉又適合構型，故先全斷面使用之：但承受彎矩時卻發現受拉區總是開裂，此為脆性材料之強度多來自粒料間的摩擦力，而此力又與正向力有關，受拉區之粒料間有相互遠離之趨勢，自然在整體上無法提供抗拉強度，故須加入鋼筋進行補強。因延性材料具有極佳的抗拉能力，且被拉斷的應變量大，且在被拉斷前抗拉應力還能二次提升至 $1.25f_y$，是極佳的補強材料。

3. 鋼筋混凝土學的要旨在於如何在已知的服務載重需求下，以混凝土為主體、鋼筋為輔助，設計出「大震不倒、中震可修、小震不壞、平時不裂」的構材。為此，勢必要有一共同設計標準或規範才便於「應用」，我們採用的是內政部營建署最後在 110 年 3 月 2 日公告的混凝土結構設計規範，此等規範主要源自中國土木水利工程學會的混凝土工程設計規範 [土木 401-100] 版。

6-2　鋼筋與混凝土的基本材料性質

1. 本頁列舉的各項參數，都必須一記。

2. 混凝土的單位重 W_c 爲 2300kg/m³；最大壓應變 ε_c 爲 0.003；彈性模數 $E_C = W_C^{1.5} 0.11\sqrt{f'_c}$ kg/cm²，抗壓強度 f'_c 依設計可選用 210kgf/cm²、280kgf/cm²、350kgf/cm² 和 420kgf/cm²，開裂模數 $f_r = 2.0\sqrt{f'_c}$ kg/cm²，此值用來計算未擺放鋼筋的純混凝土梁的開裂彎矩 M_{cr} 所用，材力中有 $\sigma = \dfrac{My}{I}$，整理爲 $M = \dfrac{I}{y} \cdot \sigma$，在 RC 的版本即 $M_{cr} = \dfrac{I_g}{y_t} \cdot f_r$，其中 I_g 爲全斷面對其形心軸的慣性矩、y_t 爲全斷面形心軸至拉力面之距離。

3. 接著爲鋼筋的基本參數，彈性模數 E_s 爲 2.04×10^6kgf/cm²；抗拉強度 f_y 依設計可選用 2800kgf/cm² 和 4200kgf/cm² 兩種，後者稱高拉力鋼筋，但須注意 f_y 愈高，鋼筋的延展性愈差，且可能會有排列間距過大等疑慮，故非一昧選擇高強度即可。另外，鋼筋號數與直徑的關係如表一。

表一　鋼筋號數與直徑的關係

#	3	4	5	6	7	8	9	10
D (mm)	10	13	16	19	22	25	29	32

4. 混凝土和鋼筋之間有良好的摩擦力，又兩材料間有類似的線膨脹係數和彈性係數，溫差或受力的變形情形一致，是以，完工之構材在力學行爲上有如一物體，發展之理論可靠且易應用。另外，混凝土包裹鋼筋形成保護層，可有防火、耐候、耐蝕的功能。最後，此二材料在生產和加工的技術已臻

成熟，取得容易、成本相對其他材料低廉，綜合以上，鋼筋混凝土迄今仍爲我國結構建材最常見的項目之一，是土木領域中的核心科目。

6-3 需求強度 U 與強度折減係數 ϕ

1. 設想今日如果我們能自由控制重力使自身或衆物體懸浮，那恐怕就不需要建物，故建物之本質可看作是一種「反重力裝置」。將在空中的物體自重，透過版、梁、柱、基腳之順序傳至地表。既然「載重」是建物的首要任務，那麼服務期間將遇到的最極限之「情境」爲何？我們發現此情境涉及未來事件的不確定性，只能以發生機率和風險評估，於是有所謂的載重組合 U_i，常用的爲以下 4 種：$(1)U_1 = 1.4D$；$(2)U_2 = 1.2D + 1.6L$；$(3)U_3 = 1.2D \pm 1.0E + 0.5L$（公共場所或停車場須用 $1.0L$）；$(4)U_4 = 0.9D \pm 1.0E$，其中 D 爲自重；L 爲活載重，即可移除之負載；E 爲地震力，通常是水平向之外加負載，綜上構材的需求強度爲載重組合取最大值而有 $\mathrm{req}U = \mathrm{MAX}[U_1 \cdot U_2 \cdot U_3 \cdot U_4]$。

2. 有了需求強度後，便須據以計算各種構材各斷面因應不同內力所須之強度此爲「計算強度」，但考慮到施工技術、材料強度變異、設計方程式不準確、構材在建物中重要性、構材的破壞模式之可靠性等，必

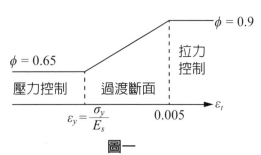

圖一

須乘上一折減因數 ϕ 才是「設計強度」以下列舉四種斷面的 ϕ：(1) 撓曲（受彎）斷面 ϕ：0.65～0.9，需參考圖一決定，其中 ε_t 為在計算強度下，最外層受拉鋼筋之淨拉應變；(2) 剪力或扭矩斷面 $\phi = 0.75$；(3) 壓力斷面 $\phi = 0.65$；(4) 純混凝土之任意斷面 $\phi = 0.60$。就 RC 構材而言，壓力或剪力破壞發生的歷時短，建物轟然倒下勢必人員死傷慘重，故強度需折減較多，而張力破壞可充分使用到鋼筋韌性，構材開裂卻不分離，爭取逃生時間，故強度折減較少。

3. 綜上所述，U 考慮建物在服務期間各種外加負載的不確定性，而 ϕ 則係考慮施工品質所產生之評估強度差異，故其中心思想應為「施工最劣品質也足以應付建物服務期間所遇之最大負荷」！

6-4　矩形梁抗撓強度分析模式

1. 一梁斷面受彎矩作用，依 $\sigma = \dfrac{M\bar{y}}{I}$ 可知必有一中立軸將斷面分作壓力區和拉力區，如圖所示為一雙鋼筋矩形梁，「雙」指拉、壓力側都布有鋼筋，若僅有拉力側布鋼筋則稱「單」鋼筋矩形梁。又照 $\sigma = E\varepsilon$，應力圖原應如應變圖由上下兩個相似三角形組成，但規範規定混凝土不提供抗拉強度，而壓力區部分改以矩形應力塊估算，此應力塊有考慮塑性變形階段之行為，其抗壓強度值為 $0.85f_c'$，有效作用面積為 $b \cdot a = b \cdot (\beta_1)(c)$，其中 β_1 應查表一

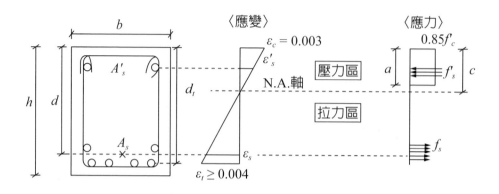

符號	說明
A_s	拉力筋總截面積
A'_s	壓力筋總截面積
b	梁之全寬
h	梁之全深
c	中性軸至最外受壓纖維之距離
ε_s	於計算強度下，抗拉鋼筋之應變
β_1	$\dfrac{a}{c}$，即等值應力塊高度與最外受壓纖維至中性軸距離之比值
a	等值應力塊深度
d	構材最外受壓纖維至縱向受拉鋼筋斷面重心之距離（又稱有效深度）
d_t	構材最外受壓纖維至最外層縱向受拉鋼筋重心之距離
ε_t	於計算強度下，最外層受拉鋼筋之淨拉應變
ε_c	混凝土最外受壓纖維之極限應變，其值為 0.003

表一

$f'_c(\text{kg/cm}^2)$	≤ 280	350	420	490	560	>560
β_1	0.85	0.80	0.75	0.70	0.65	不適用

2. 此模式基於同時考慮彈塑性，抗拉鋼筋必須降伏，爰規定了最大鋼筋量規定有 $\varepsilon_t \geq 0.004$，確保了鋼筋量必須足夠少至可以降伏並發展塑性

變形，進而使斷面尺寸放大，增加混凝土抗壓面積，減少施工差異的
風險。

3. 除鋼筋不可放太多，亦不能放太少，有最小鋼筋
   量 $A_s,\min = \dfrac{0.8\sqrt{f'_c}}{f_y}bd \geq \dfrac{14}{f_u}bd$ 之規定，這是因為拉

   力筋過少時，依此分析模式所得設計彎矩強度 ϕMn
   比沒放鋼筋算得的 ϕMcr 小，顯不合理。另外，最
   小鋼筋量之鋼筋可控制溫差應變，作為剪力筋（肋
   筋）的工作筋等多種用途。

6-5　矩形梁斷面中立軸位置分析

1. 考慮一單鋼筋矩形梁如圖
   一所示，拉力筋配置於距
   梁底 7cm 處，現分作甲、
   乙兩案配筋，甲案配 3 支 9
   號鋼筋（寫作 3-#9）、乙
   案配 6 支 9 號鋼筋，試求中
   立軸位置，請以 x 表示。

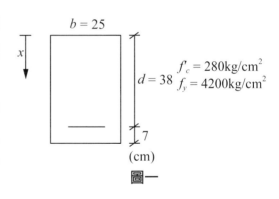

圖一

2. 首先，求取分析所需參數，9 號鋼筋的直徑為 2.9cm，故截面積 $A_b =$
   $\left(\dfrac{2.9}{2}\right)^2 \pi = 6.6\text{cm}^2$，降伏應變 $\varepsilon_y = \dfrac{f_y}{E_s} = 0.00206$。

3. 依分析模式繪出應變圖如圖二所示，將 ε_c
   $= 0.003$ 考慮進來，兩三角形互為相似，故
   有 $\dfrac{\varepsilon_s}{38-x} = \dfrac{0.003}{x}$ 關係式。

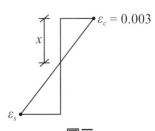

圖二

4. 先討論甲案，「猜」鋼筋降伏，繪出應力圖

如圖三所示，此時鋼筋應力 $f_s = f_y$，故 $T = 3(6.6)$ (4200) = 83160kg，查表 $f'_c = 280\text{kgf/cm}^2$，故 $\beta =$ 0.85，是以應力塊合力 $C = 0.85(280)(0.85)x(25)$，引入靜平衡方程式 $C_c = T$ 可推得 $x = 16.44\text{cm}$。

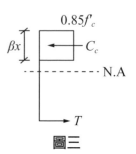

圖三

5. 接著討論乙案，「猜」鋼筋未降伏即 $f_s < f_y$，則此時 f_s 變成未知數，但可引入虎克定律增加關係式而有 $f_s = \varepsilon_s \cdot E = \dfrac{0.003}{x} \cdot (38 - x) \cdot 2.04 \cdot 10^6$，仍使用圖三之 $C_c = T$ 有

$$6.6(6) \cdot 6120 \cdot \frac{38 - x}{x} = 5057.5x \Rightarrow x = 24.98\text{cm}。$$

6. 注意，因上開兩結果均為「猜」，必須檢查。甲案可將 x 代回圖二有 $\varepsilon_s = 0.0039 > \varepsilon_y$(o.k.)，乙案則將 x 代回 f_s 式有 $f_s = 3189.8 < 4200\text{kgf/cm}^2$(o.k.)，以考試為觀點，因鋼筋降伏的情況只須解一元一次方程式，所以通常都先猜降伏。

6-6 矩形梁斷面抗彎強度分析

1. 承前節之甲案，我們已分析出 $x = 16.44\text{cm}$ 及 $\varepsilon_s = 0.0039$，現假設設計抗彎強度有 2 種：$Mu_1 = 19\text{t} \cdot \text{m}$，$Mu_2 = 20.6\text{t} \cdot \text{m}$，那此斷面是否符合需要呢？

2. 首先，x 為已知數，故應力圖可繪如圖一所示，我們可以直接對混凝土壓應力合力作用點計算合力矩 $M_n = 83160(31) \cdot 10^{-5} = 25.78(\text{t} \cdot \text{m})$，此為「計算彎矩強度」，尚必須再乘上強度折減因數 ϕ 才是「設計彎矩強度」。

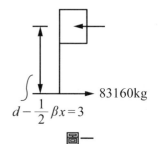

圖一

3. 依規範 ϕ 值有圖二變化，本題爲單鋼筋矩形梁，最外層鋼筋之應變量 ε_t 即 ε_s，故 $\varepsilon_t = 0.0039$ 內插有 $\phi = 0.65 + \dfrac{0.9 - 0.65}{0.005 - 0.00206}(\varepsilon_t - 0.00206)$ $= 0.801$，推得 $\phi M_n = 20.65 (t \cdot m)$。

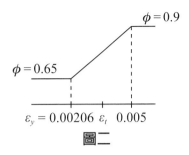

圖二

4. 在判斷 ϕM_n 是否滿足需求前，應先檢討最小和最大鋼筋量限制。$A_s, \min = \dfrac{14}{f_y} b \cdot d = 3.17 \text{cm}^2 < 19.8 \text{cm}^2 (\text{o.k.})$；$A_s, \max$ 規範則有 $\varepsilon_t = 0.0039$ $< 0.004 (\text{N.G.})$ 可知此斷面的鋼筋量過大。

5. 回到原題，$Mn_1 = 19 (t \cdot m)$ 與 $\phi M_n = 20.65 (t \cdot m)$ 有相當差異，可考慮使用較小號數鋼筋以使 $\varepsilon_t \geq 0.004$，如此用料較爲經濟；但 $Mn_2 = 20.6 (t \cdot m)$ 與 ϕM_n 差異不大，可先考慮增加斷面寬度 b 使中性軸上移，如此 ε_t 增加至 0.004 以上，期以符合 $A_s, \max$ 規範。

6-7 矩形梁無筋斷面抗彎強度分析

1. 前頁之鋼筋量過多，現討論一鋼筋量過少的情況。考慮一矩形梁斷面如圖一所示，$f'_c = 210 \text{kgf/cm}^2$，$f_y = 2800 \text{kgf/cm}^2$，試分析設計抗彎強度 ϕM_n 爲何？

2. 首先，我們猜拉力筋降伏故 $\varepsilon_s \geq \varepsilon_y$，$f_s = f_y$，由應力圖之 $C_c = T$ 可用 $2.54(2800) = 0.85(210)(0.85)(C)(30) \Rightarrow C = 1.56 (\text{cm})$，

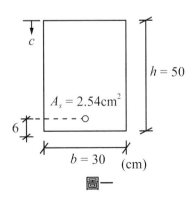

圖一

驗算有 $\varepsilon_s = \dfrac{0.003}{1.56}(44 - 1.56) = 0.082 > \varepsilon_y = \dfrac{2800}{E_s} = 0.0014$(o.k.)，是以，由 T 對 C_c 之作用點取合力矩算得 $M_n = 2.54(2800)(43.22 \times 10^{-5}) = 3.08$ t·m。

3. 在計算強度折減因數前，我們觀察到距梁頂 1.56 公分以下均為拉力區，依分析模式將混凝土之抗拉強度忽略不計有可能過於保守，故可先將鋼筋移除計算無筋斷面之計算抗彎強度 M_{cr}，回到材力公式有 $M_{cr} = \dfrac{f_r \cdot I_g}{y_t}$，其中 $f_r = 2.0\sqrt{f'_c}$，故 $M_{cr} = 2.0\sqrt{f'_c} \cdot \dfrac{30(50)^3}{12} \cdot \dfrac{1}{50/2} \cdot 10^{-5}$ $= 3.62$ t·m。

4. 因 $M_{cr} > M_n$，意即加鋼筋之抗彎強度竟比不加還低，此與現實情形矛盾，表示分析模式在此極端情形下不適用，是以，M_n 應廢棄不用，以 M_{CR} 代之。

5. 最後，引入 ϕ 值，此視同純混凝土斷面依規範取 0.55，故 $\phi M_n = 1.99$(t·m)。

6-8 單鋼筋矩形梁設計

1. 為使分析模式合理可用，並兼顧構材的可施工性與耐久性，在設計階段單鋼筋矩形梁的幾何尺寸有以下規定：

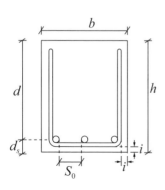

梁之尺寸要求：（考試觀點）	
①	$d = (1.5 \sim 2.0)b$
②	$i = 4$cm（保護層）
③	$S_o \geq \{db, 2.5\text{cm}\}$，但雙排時上下取 2.5cm
④	$ds_1 = 4 + (1.0 \sim 1.3) + \dfrac{1}{2}(1.9 \sim 3.2) \doteqdot 6.5$cm （一層）
	$ds_2 = 4 + (1.0 \sim 1.3) + (1.9 \sim 3.2) + \dfrac{1}{2}(2.5) \doteqdot 9$cm（二層）
⑤	b 及 h 為 5 的倍數

2. 首先，梁之深度 d 如小於 $1.5b$ 則中立軸可能會因受扭而偏斜，造成斷面拉壓力區不如預期，d 若大於 $2b$ 則可能引發「撓剪效應」，即剪力與彎矩互相誘發的破壞。

3. 第二，鋼筋不可直接曝露於空氣中，且須有混凝土包覆以提供握裹力，不同構材之保護層厚度不同，梁通常為 4 公分。

4. 鋼筋之間的「淨」間距（不含鋼筋自身直徑 d_b）為 $MAX[d_b, 2.5cm]$，此為確保灌漿時混凝土的粒料可通過鋼筋填充模板內空間以形成應有形狀。注意此規範係用於水平向鋼筋間的排列，至於垂直向之鋼筋例如拉力筋有雙排時，上、下排的淨間距取 2.5cm 即可。

5. ds 為梁底至拉力筋合力作用點之直線距離，單排時其值為（保護層 + 剪力筋 d_b + $\frac{1}{2}$ 拉力筋 d_b）；雙排時則為（保護層 + 剪力筋 d_b + 外排拉力筋 d_b + $\frac{1}{2}$ 淨間距）。

6. 全斷面之寬度 b 及全深 h 習慣上採 5 的倍數，此係現場施工習慣。

6-9　單鋼筋矩形梁設計例說

例說

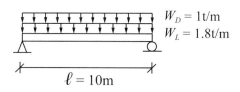

$W_D = 1t/m$
$W_L = 1.8t/m$
$\ell = 10m$

左圖簡支梁，斷面為矩形，$b = 30cm$、$h = 65cm$，擬使用之材料為，$f'_c = 280kgf/cm^2$，$f_y = 4200kgf/cm^2$，試設計斷面

1. 首先，就載重而言，此需求載重有 $W_{u1} = 1.4W_D = 1.4(t/m)$ 及 $W_{u2} = 1.2W_D + 1.6W_L = 4.08(t/m)$，取大者找臨界斷面，內力分析可知該斷面位於梁

之中點有 $M_u = \dfrac{1}{8} W_{u2} \ell^2 = 51.0 (\text{t} \cdot \text{m})$。

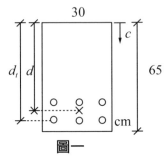

圖一

2. 先將可能的設想斷面繪出如圖一所示，此步驟全憑經驗，設排兩層，求設計參考值 $d = h - d_{s2} = 65 - 9 = 56\text{cm}$；$d_t = h - d_{s1} = 65 - 6.5 = 58.5\text{cm}$。

3. 「猜」 $\varepsilon_t \geq 0.005$，故 $\phi = 0.9$，令中立軸位置參數 C 寫出 $C_c = 0.85(280)(0.85)(C)(30) = 6069C$ 接著對拉力筋合力作用點計算合力矩 $\Sigma M_T = 0$ 可得 M_n，再將之乘中 ϕ 應大於等於 M_n，故 $0.9 \times 6069C\left(56 - \dfrac{1}{2} 0.85C\right) = 51.0 \times 10^5 \Rightarrow C = 19.6\text{cm}$，中立軸位置一旦確定，應變圖亦可確定，在此不另繪出。接著確認外排 $\varepsilon_t = \dfrac{0.003}{19.6}(58.5 - 19.6) = 0.00595 > 0.005 = \phi = 0.9(\text{o.k.})$ 及上排鋼筋降伏：$\varepsilon_s = \dfrac{0.003}{19.6}(59 - 19.6) = 0.0058 > \varepsilon_y(\text{o.k.})$。

4. 最後計算所須鋼筋量 A_s，引入 $C_c = T$ 之公式有 $10^{-3} \cdot As \cdot (4200) = 6.07(19.6) \Rightarrow \text{req } A_s = 28.33\text{cm}^2$，可考慮使用 6 支 8 號鋼筋即 use 6-#8 prov $A_s = 30.42\text{cm}^2$，檢討是否符合最小鋼筋量限制 $A_s,\text{min} = \dfrac{14}{f_y}bd = 5.6\text{cm}^2(\text{o.k.})$。

5. 本題配出拉力筋後，尚須設計出剪力筋，待各鋼筋擺置及號數確定後才能得 d 及 dt 值，再依分析模式得最終定案的 M_n。

6. 若第 3 步猜 $\phi = 0.82$ 即 $\varepsilon_t = 0.004$，則可發現 $A_s = 31.77\text{cm}^2$ 時有相同 M_n，可知使用最大鋼筋量也不代表可獲得較高強度，反而較不經濟！另外，排二層可避免鋼筋直徑過大，讀者可試設計單排拉力筋觀察鋼筋號數及間距變化！

6-10　雙鋼筋矩形梁抗彎強度分析

1. 在斷面的壓力區放置鋼筋，其結果將造成抗彎強度大幅提升，或是以更小的斷面滿足需求。我們考慮一雙鋼筋矩形梁斷面如圖一所示，$A'_s =$ 3 – D32（3 支 10 號鋼筋的另一種寫法），$A_s =$ 6 – D32，$f'_c = 210\text{kgf/cm}^2$，$f_y = 4200\text{kgf/cm}^2$，試求 ϕM_n 值。

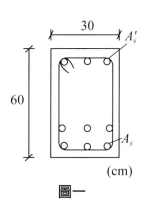

圖一

2. 首先，計算必要尺寸，令保護層爲 4cm，剪力筋 $d_b = 1$cm，則壓力筋 $A'_s = 3\left(\dfrac{3.2}{2}\right)^2\pi = 24.13\text{cm}^2$、$d' = 4 + 1 + \dfrac{3.2}{2} = 6.6$cm；拉力筋 $A_s = 6 \cdot \left(\dfrac{3.2}{2}\right)^2\pi = 48.25\text{cm}^2$、$d_s = 4 + 1 + 3.2 + \dfrac{2.5}{2} = 9.45$cm；有效深度 $d = 60 - d_s = 50.55$cm，最外排拉力筋距梁底距離 $d_t = 60 - 4 - 1 - \dfrac{3.2}{2} = 53.4$cm。

3. 猜所有鋼筋降伏，繪應力圖如圖二，求 C 值，與單鋼筋矩形梁不同，多了壓力筋作用力 C_s，因 $\varepsilon_s \geq \varepsilon_y$ 且 $\varepsilon'_s \geq \varepsilon_y$，故鋼筋合力不分拉、壓力筋均爲已知數

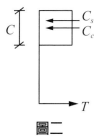

圖二

有 $C_s = A'_s f_y = 101.35$(t)、$T = A_s f_y = 202.65$(t) 而 $C_c = 0.85 f'_c(0.85c)(30) - A'_s(0.85)f'_c = 4.55C - 4.31$(t)，注意在壓力區中，壓力筋所佔據的面積不能提供混凝土壓應力，應予扣除。引入靜平衡方程式 $C_s + C_c = T$ 解得 $C = 23.21$cm，返回應變圖檢查鋼筋 $\varepsilon'_s = 0.00215$、$\varepsilon_s = 0.00353$ 均降伏，驗證鋼筋均降伏，將 C 代入 C_c 並對 T 之作用點取合力矩得 $M_n = C_c\left(d - \dfrac{9}{2}\right) + C_s(d - d') = 85.76$(t · m)，又因 $\varepsilon_t = 0.0039$ 故 $\phi = 0.81$，是以 $\phi M_n = 69.16$t · m 即爲所求。

4. 試想本斷面若將壓力筋取出，ϕM_n 下降至多少？分析方法不再贅述，讀者自行練習可得 $\phi M_{n2} = 35.98(t \cdot m)$，可見若單純把壓力筋取出，設計抗彎強度下降 50%，故壓力筋雖僅三支，貢獻極大，此也是為何建物之主梁多為雙鋼筋之原因，因為若要堅持單鋼筋，改以增加梁深滿足需求，則本題斷面之總深 h 將達到 130cm，意即三根鋼筋換大量混凝土的使用，以此觀之壓力筋亦有其經濟性。

6-11　雙鋼筋矩形梁設計例說

例說

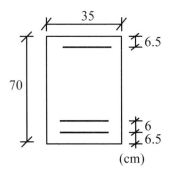

左圖為雙鋼筋矩形梁之預想斷面，（b.h 不可改動）若 $M_D = 25t \cdot m$、$M_L = 45t \cdot m$，$f'_c = 280kgf/cm^2$，$f_y = 4200kgf/cm^2$，求 A_s 及 A'_s。

1. 首先計算必要數值有 $M_n = 1.2(25) + 1.6(45) = 102(t \cdot m)$；$d_t = 63.5(cm)$、$d_s = 60.5(cm)$、$d'_s = 6.5(cm)$。

2. 猜 $\varepsilon_t = 0.005$，故 $\phi = 0.9$，是以，$M_n = \dfrac{M_n}{\phi} = 113.3(t \cdot m)$。

3. 我們先假定 $A'_s = 0$，畢竟若不必放壓力筋便能滿足抗彎強度需求，又何必多此一舉？繪出應變圖解中立軸位置 $C = 23.81(cm)$，可推得 $(M_n)_單 = C'_c(d - \dfrac{1}{2}\beta_1 C) = 84.9(t \cdot m)$。因其值小於 M_n，故須加入壓力筋，

其被賦予任務是須提高抗彎強度 $(M_n)_{雙} = M_n - (M_n)_{單} = 28.4(t \cdot m)$。

4. 繪出應力圖單獨分析 C_s 所生之抗彎強度 $(M_n)_{雙} = C_s(d - d_s) \Rightarrow C_s = 52.5t$，檢查壓力筋之應變 $\varepsilon'_s = 0.00218 > \varepsilon_y$ 確認降伏，故 $A'_s \cdot f_y = 52.5 \Rightarrow A'_s = 12.50 \text{cm}^2$。

5. 最後引入 $T = C_c + C_s$ 方程式 $A_s f_y = C_c + C_s = 168.6 + 52.5 = 221.21t \Rightarrow A_s = 52.67 \text{cm}^2$。

6. 從本例可知，雙鋼筋矩形梁之設計是先假定拉力筋面積無上限，計算混凝土壓合力 C_c 可提供之抗彎強度，如有不足再以壓力筋補充 C_s，最後拉力筋再配合壓力情形得 T。

6-12 雙鋼筋矩形梁抗彎強度設計例說

例說

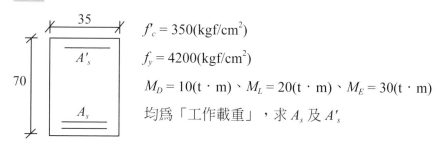

$f'_c = 350(\text{kgf/cm}^2)$

$f_y = 4200(\text{kgf/cm}^2)$

$M_D = 10(t \cdot m)$、$M_L = 20(t \cdot m)$、$M_E = 30(t \cdot m)$

均為「工作載重」，求 A_s 及 A'_s

1. 利用本題說三個觀念的使用、地震載重 M_E、工作載重之修正因數及負彎矩下的雙鋼筋配筋量設計。

2. 首先，考慮來自地震力的抗彎強度需求，應有 $M_{n1} = 1.2M_D \pm 1.0M_E + 0.5M_L$ 及 $M_{n2} = 0.9M_D \pm 1.0M_E$ 兩條，若特別要求「工作載重」，代表斷面可能負擔的最大載重發生於施工中，因風險較高，M_E 前的因數應由 1.0 提高至 1.4，是以本題之可能採用的 M_n 值有 $M_{n1} = 1.2(10) \pm 1.4(30)$

$+ 0.5(20) = 64$ 或 $-20(\text{t}\cdot\text{m})$；$M_{n2} = 0.9(10) \pm 1.4(30) = 51$ 或 $-33(\text{t}\cdot\text{m})$，此外尚有 $M_{n3} = 1.2M_D + 1.6M_L = 1.2(10) + 1.6(20) = 44(\text{t}\cdot\text{m})$，比較上開數值可有最大正彎矩 $+ 64(\text{t}\cdot\text{m})$ 及最大負彎矩 $-33(\text{t}\cdot\text{m})$ 為設計用之需求強度。

3. 負彎矩並不足為奇，不過就是斷面上的拉、壓應力區互換而已，在分析模式與設計上與單鋼筋矩形梁沒有不同。故本題就只是單鋼筋矩形梁設計二次，設 $\phi = 0.9$，以 $M'_u = -33(\text{t}\cdot\text{m})$ 得 $A'_s = 17.32(\text{cm}^2)$，再以 $M_n = 64(\text{t}\cdot\text{m})$ 得 $A_s = 33.65(\text{cm}^2)$ 即為所求。

6-13　T形梁抗彎強度分析及例說

例說

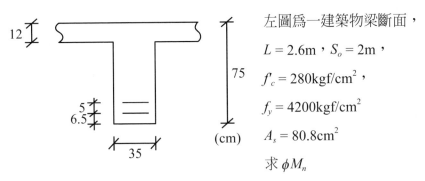

左圖為一建築物梁斷面，
$L = 2.6\text{m}$，$S_o = 2\text{m}$，
$f'_c = 280\text{kgf/cm}^2$，
$f_y = 4200\text{kgf/cm}^2$，
$A_s = 80.8\text{cm}^2$
求 ϕM_n

1. 一般建物之梁多與版相連，如圖一所示，故又可分作單翼和雙翼兩種。在承受正彎矩時，梁的版可提供抗壓強度，應一併考慮，故須新增兩參數版厚 t 及有效寬度 b_E。雙翼時 $b_E = \text{MIN}\left[\dfrac{1}{4} + b_w, \dfrac{S_0 + S_1}{2} + b_w, 16t + b_w\right]$，單翼時 $b_E = \text{MIN}\left[\dfrac{L}{12} + b_w, \dfrac{S_0}{2} + b_w, 6t + b_w\right]$，須注意上開規定僅

適用於與柱相連之大梁，至於小梁則回歸矩形梁分析。

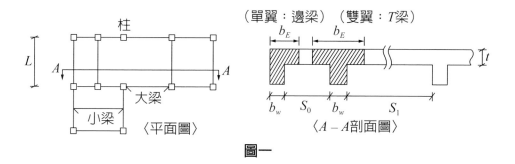

圖一

2. 現回到本題，在分析模式上與單鋼筋矩形梁相同，求必要尺寸 d_s = 66cm、d_t = 68.5cm，接著依規範判斷此為雙翼 T 形梁，b_E = MIN[100, 235, 227] = 100cm。

3. 猜拉力筋降伏，解算抗壓面積 A_C，此步驟稍有不同，這是因為版和梁相連處尺寸不連續所致，引入公式 $C_c = T$ 有 $A_C \cdot (0.85) f'_c = A_s f_y$ 得 A_c 為 1425.9cm^2，計算梁翼面積為 $b_E \cdot t$ = 1200cm^2，可知抗壓面積之計算需至梁腹區域，令廣義座標 a 如圖二所示，依 T 形面積計算 $a = \dfrac{1425.9 - 1200}{35} + 12 = 18.45$cm，推得中立軸位置 $C = \dfrac{a}{\beta_1} = 21.7$cm，由應變圖確認拉力筋 $\varepsilon_s = 0.0061 > \varepsilon_y$(o.k.)，故 $\phi = 0.9$。

圖二

4. 求 M_n 值也與矩形梁略有不同，須分 C_f 與 C_w 討論，如圖二，計算 $C_f = t(B_E - B_w)0.85f'_c$ = 185.64t，C_w = 18.45(35)0.85f'_c = 153.69t，各自對拉力筋的合力作用點計算合力矩有 $M_n = C_f\left(ds - \dfrac{t}{2}\right) + C_w\left(ds - \dfrac{a}{2}\right)$ = 198.64 t · m，再考慮 ϕ 得 ϕM_n = 178.78(t · m) 即為所求。

5. 在拉力筋極少或版特別厚的場合，A_c 之計算有可能落於版中，此時就無須分作 C_f 和 C_w，簡化為 C_c 即可！如圖三所示。

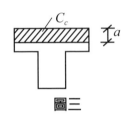

圖三

6-14 T形梁抗彎斷面設計

例說

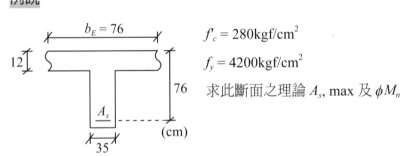

$f'_c = 280\text{kgf/cm}^2$

$f_y = 4200\text{kgf/cm}^2$

求此斷面之理論 A_s, max 及 ϕM_n

1. 在給定 b_E 值下設計 T 形梁的鋼筋量 A_s，起手式與矩形梁相同，須先求出混凝土壓合力，只是 T 形梁的場合有可能是 $C_f + C_w$，為確定抗壓面積，須有中立軸位置，此題要有 A_s, max，意即有 $\varepsilon_t = 0.004$ 之假設，故 $\dfrac{0.003}{C} = \dfrac{0.004}{76-C} \Rightarrow C = 32.57\text{cm}$ 故計算 A_c 所用之 $a = 0.85C = 27.68\text{cm}$，判斷出壓力區須包含全版及部分梁腹，如圖一所示。

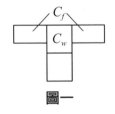

圖一

2. 此後之計算與矩形梁幾乎相同，$M_n = C_f\left(d - \dfrac{t}{2}\right) + C_w\left(d - \dfrac{a}{2}\right) = 117.10$

$\left(76 - \dfrac{12}{2}\right) + 230.57\left(76 - \dfrac{27.68}{2}\right) = 225.3 \text{ (t · m)}$，而 $\varepsilon_t = 0.004$ 時，搭配 f_y = 4200kgf/cm² 之 $\phi = 0.82$，此值可爲一記，是以，$\phi M_n = 184.7 \text{(t · m)}$，再由 $A_s f_y = C_f + C_w$ 推出 $A_s = 82.7 \text{(cm}^2)$ 即爲所求。

3. 本題若改爲 $\phi = 0.9$ 又如何？此時 $\varepsilon_t = 0.005$，求中立軸位置 $C = 28.5 \text{(cm)}$，計算 a 值、判斷抗壓面積 A_c 範圍及值、得 C_f 和 C_w 並求出 $\phi M_n = 189.82 \text{(t · m)}$，$A_s = 75.9 \text{(cm}^2)$，與上開結果比較，以 $\phi = 0.9$ 設計時鋼筋用量減少 8%，設計抗彎強度反上升約 3%，可知實務上 $\phi = 0.9$ 是默認、具有經濟性的前提假設。

6-15 直梁抗剪的分析模式與規範

1. 考慮一簡支梁上承受均布負載，若不配剪力筋，經實驗可發現最終發生如圖一所示之剪力破壞，此種破壞的裂縫發展長度過短，破壞進程過快而不利逃生，且預想抵抗彎矩所用的鋼筋均無發揮作用，未免過於浪費，是以，設計剪力筋穿過預想裂縫發生處如圖二所示，所需之設計參數數有 d、s、A_v 和 f_y。

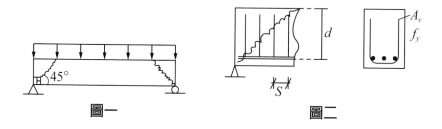

圖一　　　　　　　　　　圖二

2. 現就「一根」剪力筋探討其「照顧」範圍，如圖三所示，應為兩虛線內所夾區域，此區域包含甲、乙斷面，在此我們忽略軸向筋提供的剪力強度，分別探討兩斷面之剪力強度。甲斷面由混凝土提供，記作 V_c，其值依規範可以用 $0.53\sqrt{f'_c}b_w \cdot d\left(1+\dfrac{N_u}{140A_g}\right)$ 計之，其中 N_u 為軸壓力，以 kg 計；A_g 則為全斷面面積以 cm^2 計，此修正係數是反映混凝土的抗剪強度隨軸壓力增加而增大，反之，若使直梁受軸向張力作用時，則 $V_c = 0$！至於乙斷面由鋼筋提供，記作 V_s，其值之計算公式為 $\dfrac{d}{s}(A_vf_y)$，綜合以上，此照顧範圍之直梁抗剪計算強度為 $V_n = V_c + V_s$，而設計抗剪強度為 ϕV_n，ϕ 應取 0.75。

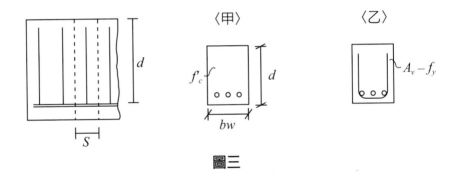

圖三

3. 剪力筋用量愈大，S 愈小，即照顧範圍愈窄，裂縫發展愈為挺直，破壞進程過快，故剪力筋有最大用量限制為 $\phi V_s = \phi V_n - \phi V_c \le 4\phi V_c$，如 $\phi V_s > 4\phi V_c$ 則應放大斷面增加混凝土抗剪負擔比例；另一方面，剪力筋用量愈小，S 愈大，即照顧範圍愈寬，若寬度太寬則裂縫在純混凝土區域發展完成，則剪力筋形同虛設，故剪力筋亦有最小用量限制：當 $\phi V_s \le 2\phi V_c$ 時 $S_{max} = \dfrac{d}{2} \le 60cm$；$\phi V_s > 2\phi V_c$ 時 $S_{max} = \dfrac{d}{4} \le 30cm$，除此之外，亦有溫差控制的 $S_{max} = \dfrac{A_vf_y}{0.2\sqrt{f'_c}b_w} \le \dfrac{A_vf_y}{3.5b_w}$ 和灌漿觀點的最小「淨」

間距 $S_{min} = MAX[2.5cm, d_b]$。最後，若純混凝土斷面提供的抗剪強度已達需求剪力強度 2 倍以上時（即 $V_n \leq \frac{1}{2}\phi V_c$），則可不必配置剪力筋。

6-16　直梁抗剪強度分析例說

例說

考慮一直梁之橫斷面如圖所示，試求：

1. ϕV_s

2. 若 $V_u = 40t$，試檢核此配筋是否合格

3. 承上，若此斷面受有預力 $N_u = 20t$（壓力），試再檢核上開結果

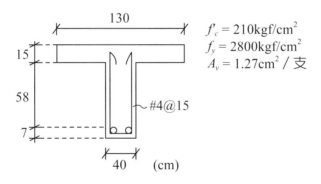

$f'_c = 210kgf/cm^2$
$f_y = 2800kgf/cm^2$
$A_v = 1.27cm^2 / 支$

~#4@15

130

15

58

7

40　(cm)

1. 本題 ϕV_s 直接代公式為 $\phi \frac{d}{s} A_v f_y = 0.75 \cdot \left(\frac{15+58}{15}\right)(1.27)(2)(2800) \cdot 10^{-3} =$ 25.96(t)，注意剪力筋的標示 #4@15 之意為使用 4 號鋼筋，每 15cm 排一支，另外，因裂縫「面」一次通過兩支剪力筋，故 Av 要乘以 2。

2. 接著 ϕV_c 亦直接代公式有 $\phi 0.53\sqrt{f'_c}b_w d = 0.75(0.53)(\sqrt{210})(40)(73) =$

16.82(t)，注意梁翼的混凝土在規範上不提供剪力強度，此式是當作矩形梁在分析。

3. $\phi V_n = \phi V_s + \phi V_c = 42.78t$ 即為所求，又因大於 $V_u = 40t$ 故滿足需求強度，最後檢討最大和最小鋼筋用量，$A_{v,\,max}$ 方面 $\phi V_s < 4\phi V_c = 67.28t(\text{o.k.})$

最小鋼筋用量 $S_{max} = \dfrac{A_v f_y}{0.2\sqrt{f'_c}\,b_w} = \dfrac{1.27(2)(2800)}{0.2\sqrt{210}(40)} = 61.35 > 15\text{cm}(\text{o.k.})$。

4. 第三子題考慮斷面受有預壓力 $N_u = 20t$，此時可計算

V_c 之放大因數 $\dfrac{N_u}{140A_g} = \dfrac{20000}{140[40(80)+15(130-40)]} = 0.03$，

故 ϕV_c 放大 1.03 倍有 17.35t，是以 $\phi V_n = \phi V_c + \phi V_s = 25.96 + 17.3 = 43.31t > V_u(\text{o.k.})$。

6-17 直梁抗剪強度設計例說之一

例說

左圖為一懸臂梁，擬使用之剪力筋 $A_s = 0.71\text{cm}^2$／支，試求距支承面 30、200、400 及 440cm 之 S

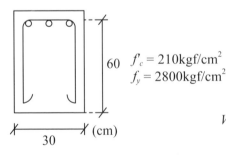

1. 首先，需求載重 $W_u = 1.2W_D + 1.6W_L = 8\text{t/m}$，繪製剪力圖如圖一所示。令廣義座標 x。

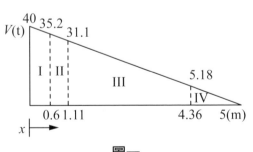

圖一

2. 看似需求剪力強度 V_u 為 $x = 0$ 之斷面 40t，但依規範應取在 $x = d = 0.6$m 之斷面，此處稱剪力臨界斷面，有 $V_{ud} = 35.2$t。

3. 因斷面長寬尺寸已知，故可先計算 $\phi V_c = 10.37$t，並依 S_{max} 規範的不同適用範圍預求出 $\frac{1}{2}\phi V_c = 5.18$t、$3\phi V_c = 31.1$t，標於圖上。

4. 此時 V 圖分作四區，復依題目要求之 $x = 0.3$、$x = 2$、$x = 4$ 及 $x = 4.4$(m) 分別配筋：

(1) $x = 0.3$(m) 處剪力筋需要間距 $\text{req}S = \dfrac{\phi d A_v f_y}{V_{ud} - \phi V_c} = \dfrac{0.75(60)(0.71)(2)(2800)}{(35.2 - 10.37) \cdot 10^3}$

$= 7.2$cm，而此區之 ϕV_s 介於 $2 \sim 4$ 倍 ϕV_c 之間，故 $S_{max} = \text{MIN}$

$\left[\dfrac{d}{4}, \dfrac{A_v f_y}{3.5 b_w}, 30\right] = 15$cm > 7.2cm(o.k.)。

(2) $x = 2.0$(m) 處 V_u 為 24t，$req\ S = 13.13$cm，$S_{max} = \text{MIN}\left[\dfrac{d}{2}, \dfrac{A_v f_y}{3.5 b_w}, 60\right]$

$= 30$cm > 13.13cm(o.k.)，由此可知此斷面之最大間距係以溫度筋控制。

(3) $x = 4.0$(m) 處，$\phi V_c > V_u$，代表不須由鋼筋提供剪力強度，但仍須配溫度筋 $S = 30$cm。

(4) $x = 4.4$(m) 處 $\frac{1}{2}\phi V_c > V_u$，依規範可不必配筋。

6-18　直梁抗剪強度設計例說之二

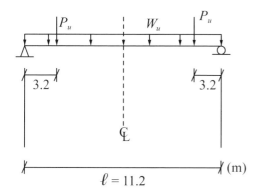

左圖直梁，$W_u = 4.5$(t/m)，$P_u = 12$(t)，$f'_c = 210$(kgf/cm²)，$f_y = 2800$(kgf/cm²)，擬使用 #4（$A_s = 1.27$cm² / 支）作剪力筋，$d = 53.5$(cm)，$b = 30$(cm)，試配剪力筋間距。

1. 首先繪製剪力圖分析內力，因結構系統左右對稱，故只須分析左半即可，如圖一，然後計算「分區」用的數值有 $3\phi V_C = 27.75$(t) 及 $\frac{1}{2}\phi V_C = 4.63$(t)，而 V_{ud} 可用內插法得 34.8t，此時可先檢討斷面是否需放大以符合最大鋼筋量限制亦即 $\phi V_S = 4\phi V_C$ 時之抗剪「容量」為 $5\phi V_C = 46.25$t > V_{ud}(o.k.)。

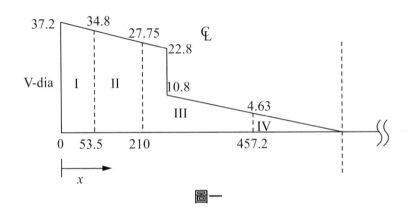

圖一

2. 接著分區計算 S_{max} 限制，I 及 II 區 $S_{max} = 13.4$cm，III 區 $S_{max} = 26.8$cm，IV 區可免配筋！

3. 由 I 區開始配筋，第一根鋼筋排在 $x = 5$cm 的位置，而 I、II 區共用 V_u 為 34.8t，故 $\text{req}S = \dfrac{\phi d A_v f_y}{V_u - \phi V_c} = 11.1$cm < 13.4cm(o.k.)，我們取 5 的倍數，use $S = 10$cm 開始向右布滿 II 區，支數 n 有 $5 + n \cdot 10 \geq 210$ 推得 $n = 21$ 支，最後一支位於 $x = 215$cm 處，此處的剪力需求為 27.53t。

4. 接著配 III 區鋼筋，$\text{reg }S = 15.6$cm < 26.8cm(o.k.) use $S = 15$cm 由 $x = 215 + 15 = 230$ 處擺上此區的第一根鋼筋，支數 n 有 $215 + n \cdot 15 \geq 457.2$ 推得 $n = 17$ 支可配至 $x = 470$(m) 處。

5. 最後依上開結果繪出配筋簡圖如圖二所示。

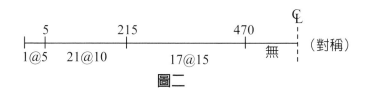

圖二

Note

第7章
測量學

7-1　觀測值、最或是值及中誤差

1. 今有一距離用鋼捲尺量四次，分別為 1.385、1.387、1.389 及 1.393 公尺，試求各觀測值與最或是值之中誤差為何？首先，若題目沒有特別說明觀測條件有改變，譬如使用不同鋼捲尺等，則應將此 4 個觀測值之精度默認為相同，亦即有相同的「權重」。在此情況下，最或是值即觀測值之算數平均數為 $\frac{1}{4}(1.385+1.387+1.389+1.393)=1.3885$，最末位數字 5 在有效位數以外，應考慮進位與否。測量學中有「湊整三原則」即四捨五入，正好五要湊偶數，本例正好 5，而前位數字為 8 是偶數，故應予捨去成為 1.388 即最或是值。

2. 觀測值之中誤差 $m=\pm\sqrt{\dfrac{[vv]}{n-1}}$，其中 v 為剩餘誤差，n 為觀測次數，直接列式為

$$m=\pm\sqrt{\frac{(1.385-1.388)^2+(1.387-1.388)^2+(1.389-1.388)^2+(1.393-1.388)^2}{4-1}}$$

$$=\pm\,0.0034\ (\text{m})$$

從式中可知 v 即各觀測值與最或是值間的「偏移量」，而 $[vv]$ 即偏移量平方之加總。

3. 最或是值之中誤差 $M=\pm\dfrac{m}{\sqrt{n}}=\pm\sqrt{\dfrac{[vv]}{n(n-1)}}=\pm\,0.0017(\text{m})$，此值愈小，代表觀測成果值精度愈佳。

7-2　具有單一拘束的最或是值及平差

問一：三內角之觀測值分別為 $\alpha = 42°12'38"$、$\beta = 81°39'07"$、$\gamma = 56°08'06"$，試分別求其觀測值之最或是值。

答：1. 觀測值不外乎是長度或角度，其組合必須符合數學公式或公理，例如三角形之內角和為 180°，故本題存有 $\alpha + \beta + \gamma = 180°$ 之拘束條件。

2. 本題實際加總觀測值得 170°59'51"，代表存有誤差 9" 需補上，稱作「平差」，又三角形之內角和為 180° 為純數學公理，故此 9" 稱「真誤差」。

3. 現假設各測角精度相同，則應將 9"「平均」分配，是以，各測角補上 $\dfrac{9"}{3} = 3"$ 即其最或是值 $\alpha = 42°12'41"$、$\beta = 81°39'10"$、$\gamma = 56°08'09"$。

問二：一水平角一次觀測得 $\alpha = 107°59'20"$，在同一環境下分作三小次得 $\beta1 = 24°15'20"$，$\beta2 = 38°27'40"$，$\beta3 = 45°16'00"$，求各觀測值之最或是值。

答：1. 同上，本題存有 $\alpha = \beta1 + \beta2 + \beta3$ 的拘束條件，故加總 β 值有 107°59'00"，與 α 不相等，表示存在 20" 的誤差。又因等號之左右均為觀測值，故此誤差稱為「相對」誤差。

2. 設若各測角精度相同，則每測角應補上或減去 $\dfrac{20"}{4} = 5"$，故 α 減 5"，β_1、β_2 及 β_3 各值加 5" 即滿足拘束條件，亦即 $\alpha = 107°59'15"$，$\beta1 = 24°15'25"$，$\beta2 = 38°27'45"$，$\beta3 = 45°16'05"$。

7-3 量距之系統誤差及其改正

問：為求 A 及 B 點之水平距 $\overline{AB}$，以
鋼捲尺量 AB 兩點距離 S，拉力
$P = 20$ kg，尺長 $\ell = 50$ m，尺重
$W = 1.2$ kg，$E = 2.1$M kg/cm^2，

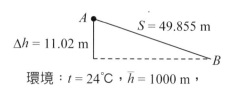
環境：$t = 24\,^\circ C$，$\overline{h} = 1000$ m，

於室溫 $15\,^\circ C$ 檢定，真長 $\ell_s = 49.994$ m，$\alpha = +0.000012/^\circ C$，斷面積 A
$= 0.041$ cm^2，求 $\overline{AB}$ 之系統誤差及其改正值。

答：1. 凡觀測值必帶有誤差，誤差又有分作系統誤差和偶然誤差兩類，前
者具有「方向性」可以「改正」，後者不具方向性，屬於中誤差，
只能以「±」符號表示範圍，在討論精度前，必須先將系統誤差改
正，而不同的工具和測量方法，改正的方式亦不同。

2. 以下為卷尺的六大系統誤差改正公式，並套用本例說計算如下：

(1) 尺長改正：$C_\ell = \dfrac{\ell_s - \ell}{\ell} \cdot S = \dfrac{49.994 - 50}{50} \cdot (49.855) = -0.006$ (m)

(2) 溫度改正：$C_t = S \cdot \alpha(t - t_s) = 49.855 \cdot (0.000012)(24 - 15)$
$\qquad\qquad\qquad = +0.005$ (m)

(3) 傾斜改正：$C_h = \dfrac{-(\Delta h)^2}{2S} - \dfrac{(\Delta h)^4}{8S^3} = -1.203$ (m)

(4) 海平面歸化改正：$C_e = -\dfrac{S \cdot \overline{h}}{R} = -\dfrac{49.855 \cdot 1000}{6370000} = -0.008$ (m)

(5) 拉力改正：$C_p = \dfrac{S(P - P_s)}{AE} = \dfrac{49.855(20 - 15)}{0.041 \cdot (2.1) \cdot 10^6} = +0.003$ (m)

(6) 垂曲改正：$C_s = -\dfrac{W^2 \cdot S}{24P^2} = -\dfrac{(1.2)^2 \cdot 49.855}{24(20)^2} = -0.007$ (m)

$\Rightarrow$ 總改正數 $C = C_\ell + C_t + C_h + C_e + C_p + C_s = -1.216$ (m)
此即系統誤差

故 $\overline{AB} = S + C = 49.855 - 1.216 = 48.639$ (m)

若本題不求水平距，則可忽略傾斜改正一項即

$\overline{AB} = 49.855 - 0.013 = 49.842$ (m)

7-4 精度之計算

問：$\overline{AB}$ 三次觀測值為 132.674、132.648、132.683 m，假設各觀測值權重相同，則觀測值和最或是值之精度分別為何？

答：1. 本題有最或是值 $\frac{1}{3}(132.674 + 132.648 + 132.683) = 132.668$ m，觀

測值中誤差 $m = \pm\sqrt{\frac{[vv]}{n-1}} = \pm 0.018$ m，最或是值中誤差 $M = \pm\frac{m}{\sqrt{n}} =$

± 0.010 m，則各觀測值精度 $P = \dfrac{m}{\text{最或是值}} = \dfrac{0.018}{132.668} = \dfrac{1}{7370}$，而最或

是值精度 $P_o = \dfrac{M}{\text{最或是值}} = \dfrac{0.010}{132.668} = \dfrac{1}{13267}$

2. 精度常作為測量成果的驗收標準，例如量距要求精度依地區不同

有山地 $\dfrac{1}{500} \sim \dfrac{1}{1000}$；平地 $\dfrac{1}{2500} \sim \dfrac{1}{5000}$；都市 $\dfrac{1}{10000} \sim \dfrac{1}{50000}$，其值愈

小，精度愈高。因都市的地價較高，故較需測量精確，以本題而言

$P_o = \dfrac{1}{13267}$ 用在都市正好，但若用在山地難免有殺雞用牛刀之嫌！

7-5 電子測距儀的稜鏡常數K和精度

問一：今使用電子測距儀觀測前欲檢定 K，有以下布置及 5 個觀測值，試求 $K = ?$

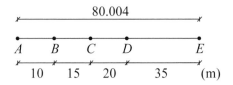

答：1. 電子測距儀屬兩件式儀器，包含儀器本體和反射稜鏡，可由儀器發射電磁波入射稜鏡後收反射波測出儀器與稜鏡間的直線距離。若儀器與稜鏡之型號無法配合，則將存在一個系統誤差值，稱稜鏡常數 K，須於觀測前檢定。檢定方法有二種：多段法及三站法，本題之布置為前者。

2. K 值公式為 $\dfrac{L - (\ell_1 + \ell_2 + \ell_3 + \ell_4)}{n-1} = \dfrac{80.004 - (10 + 15 + 20 + 35)}{4 - 1} = 0.0013$ (m)，亦即用此儀器量得之觀測值均應「扣回」0.0013 m，又或者其改正值為 $-K$ 亦可。

問二：今欲檢定 K，有以下布置及 4 個觀測值，試求 $K = ?$

$$\ell_{AC} = 5.002 \,,\; \ell_{CA} = 5.001$$
$$\ell_{AB} = 2.001 \,,\; \ell_{BC} = 2.998$$

答：此即三站法之布置，K 值公式為 $\dfrac{1}{2}\left[(\ell_{AB} + \ell_{BC}) - \dfrac{1}{2}(\ell_{AC} + \ell_{CA})\right] = -0.0013$ (m)，亦即用此儀器量得之觀測值應「加回」0.0013 m

問三：某電子測距儀誤差為 $\pm(5mm + 5ppm)$，分別量測 $\ell_1 = 5$ m，$\ell_2 =$ 120 m，試求各觀測值之精度 P_1 及 P_2。

答：順便介紹此種儀器之精度分析方法，注意此方法使用前應確認系統誤差俱已排除，包含上開稜鏡常數 K。$\pm(5mm + 5ppm)$ 之前項稱加常數，與距離無關，後項 5 ppm 則稱乘常數，與距離為正比關係，使用此式須換回公尺為單位，故 $m_1 =$ $\pm(5 \cdot 10^{-3} + 5 \cdot 10^{-6} \cdot 5) = 5.025 \times 10^{-3}$；$m_2 = \pm(5 \cdot 10^{-3} + 5 \cdot 10^{-6} \cdot 120) = 5.6 \times 10^{-3}$ 故 $P_1 = \dfrac{m_1}{\ell_1} = \dfrac{1}{995}$，$P_2 = \dfrac{m_2}{\ell_2} = \dfrac{1}{21428}$，可知電子測距儀本體量距愈遠精度愈佳！

7-6 水準測量的實施與平差

問：已知 A、B 點高程 $H_A = 100.00$m，$H_B = 102.23$m，求圖中 1、2 及 3 號轉點的高程（需改正）。

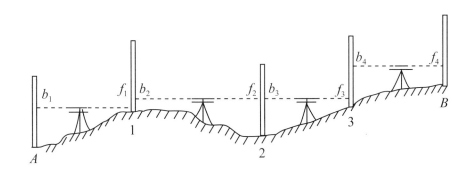

答：1. 直接水準測量使用水準儀和水準尺作前、後視觀測得兩讀數，題目所示之圖為一由左向右進行的測線，因受限於儀器最遠觀測能力或

通視不良，增設 1、2 及 3 號轉點分作 4 站，第 n 站之後視讀數記作 b_n，前視讀數記作 f_n，此站之高程差則為 $b_n - f_n$。

2. 通常此類反覆相同動作的觀測方法可建立一記錄表如下，注意表的格式並無統一規範，此表除有記錄功能之外，尚可進行平差改正計算產出成果。

測點	距離（m）		標尺讀數 (m)		高程差（m）$(b-f)$		改正值 (mm)	高程 (m)	備註
	b	f	b	f	$+$	$-$			
1	73	74	2.5	0.5	2.0		+0.01	102.01	
2	71	76	0.7	2.1		1.4	+0.01	100.62	
3	70	70	1.8	0.9	0.9			101.52	
B	72	78	1.9	1.2	0.7		+0.01	102.23	$= H_B$
（計算欄）$[\ell] = 584$			$[b]$ ‖ [6.9]	$[f]$ ‖ [4.7]					
$[b] - [f] = 2.2$　但是 $H_B - H_A = 2.23$，故存有 $v = +0.03$									

3. 此表考試時可能不會提供，故也須一記。距離及標尺讀數均為已知觀測值，首先計算高程差例如 2.5 − 0.5 = 2.0；其次，各自加總 b 及 f 值再相減並與拘束條件比較少了 0.03 應予補回，將其分作 3 份 0.01，因第 3 站前後視距最短誤差最小不予改正，其餘高程差均補回 0.01m，最終計算各站高程值，如 $h_1 = 120 + 2.0 + 0.01 = 102.01$，又 $h_2 = h_1 - 1.4 + 0.01 = 100.62$……等即為所求。

4. 具有拘束條件的水準測量如下表所示計有 2 種，本題為附合水準測量。

種類	圖示	拘束條件
閉合水準測量	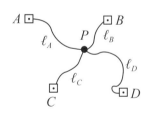	$[b]-[f]=0$
附合水準測量		$[b]-[f]=H_B-H_A$

7-7 X或Y形水準網之高程計算、中誤差及精度

問：如圖 A、B、C、D 測站之高程為已知，分別由 4 條不同長度之測線測得 P 點之 Δh，列表如下：

	H (m)	Δh (m)	ℓ (km)
A	100	−1.05	2.5
B	102	−2.99	1.8
C	104	−4.86	2.3
D	97	+2.02	3.7

試求：H_p、M，並判斷是否符合三等水準測量精度要求。

答：1. 沒有拘束條件的觀測是不受控的，如本題以 AP 測線觀測 P 點高程 H_P，再由 B、C 及 D 已知高程點出發至 P 重覆觀測，形成拘束條件，如此便能推算最或是值及其精度。

2. 在「權重與測線長度成反比」的假定下，

$$H_p = \frac{H_{PA} \cdot \dfrac{1}{\ell_A} + H_{PB} \cdot \dfrac{1}{\ell_B} + H_{PC} \cdot \dfrac{1}{\ell_C} + H_{PD} \cdot \dfrac{1}{\ell_D}}{\dfrac{1}{\ell_A} + \dfrac{1}{\ell_B} + \dfrac{1}{\ell_C} + \dfrac{1}{\ell_D}}$$

$$= \frac{98.95(0.4) + 99.01 \cdot (0.56) + 99.14(0.43) + 99.02(0.27)}{0.4 + 0.56 + 0.43 + 0.27} = 99.03 \text{ (m)},$$

我們發現依此公式若各測線長度相等則為等權觀測，最或是值就是各觀測值取平均而已，故此式才是最或是值的一般化算式。

3. 中誤差 $M_P = \pm\sqrt{\dfrac{[PVV]}{(N-1)[P]}}$

$$= \pm\sqrt{\frac{(0.08)^2(0.4) + (0.02)^2(0.56) + (0.11)^2(0.43) + (0.01)^2(0.27)}{(4-1)(1.66)}}$$

$= \pm 40$ (mm)，同理，此亦為一般算法，當各觀測值等權時，M_P 便

為 $\pm\sqrt{\dfrac{[vv]}{(n-1)(n)}}$

4. 現引入直接水準測量專用的精度評估公式：誤差界限值 $\pm C\sqrt{K}$ (mm)，其中 K 為水準測量路線總長，以 km 計。C 值愈小精度愈高，與水準測量的等級搭配如表所示。就本題論

$\sqrt{K} = \sqrt{2.5 + 1.8 + 2.3 + 3.7} = 3.21$

故 $C \cdot 3.21 = 40 \Rightarrow C = 12.46$

參表可知本測量未符合三等水準測量精度要求，故 $H_P = 99.03$ (m) 應捨棄不用，重新施測，或再從其他已知點 E 出發參與觀測。

等級	C 值
一等一級	2.5 以下
一等二級	2.5～3.0
二等	3.0～5.0
三等	5.0～8.0
普通	8.0～20

7-8 橫斷面水準測量

問：利用下圖完成記錄表。

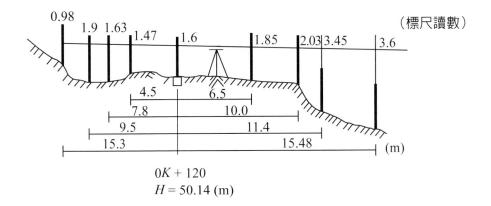

$0K + 120$
$H = 50.14$ (m)

答：1. 在狹長型測區中，通常會先實施縱斷面測量予以「貫通」，如是
道路工程則可定出道路樁號及該點高程例如本例爲 $0K+120$，H =
50.14 (m)，接著由各樁號爲轉點沿正交方向實施橫斷面水準測量以
了解路線中心左右之地勢。

2. 實作上，會先在轉點上豎立標尺，在旁整置水準儀，先觀測該標尺
得視準軸高，接著沿橫斷面方向移動標尺，在適當距離或地勢顯著
變化處停下使儀器觀測讀數，該點位置高程即視準軸高減去標尺讀
數，如此反覆操作至測區邊界爲止。

3. 以下即對應本例之橫斷面水準測量記錄表，考試不一定會給，仍須
一記，另外，亦有可能給表要求繪圖。

水平距離	尺上讀數	橫斷面高程	高程 視準軸高 測站	橫斷面高程	尺上讀數	水平距離
横斷面高程 → 50.76	49.84	50.11	50.27	50.14	49.89	49.71 48.29	48.14
尺上讀數 → 0.98	1.9	1.63	1.47	51.74	1.85	2.03 3.45	3.6
水平距離 → 15.3	9.5	7.8	4.5	$0K+120$	6.5	10.0 11.4	15.48

7-9　面積水準測量、土方量計算及施工基面高程計算

問：某日收方作業，測量人員在工地於縱橫方向布下綱狀測點，得各高程觀測值如紅字，試求最低點以上之總土方量 V，及施工基面高 h。

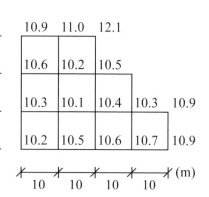

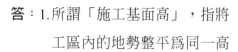

答：1.所謂「施工基面高」，指將工區內的地勢整平為同一高程時，可以挖填平衡的高程，如以此高程規劃整地作業，可免去出土方或入土方的工項，俾利降低成本，加快工進並增進工安。

2.本題欲求最低點以上之總土方量，自須先觀察地勢最低點高程有 10.1 m。

3. 接著繪出「應用次數圖」如下，所謂次數 n 表示該點為 n 個方形所共用之角點。

(1)	(2)	(1)
(2)	(4)	(3)
(2)	(4)	(4)	(3)	(1)
(1)	(2)	(2)	(2)	(1)

4. $\sum h_n$ 為應用次數為 n 之高程與最低點高程的差之總和，例如 $\sum h_3$ 之值為 $(10.5 - 10.1) + (10.3 - 10.1) = 0.6$，因 $n = 1\sim4$，故可列式如下：

$\sum h_1 = (10.2 + 10.9 + 12.1 + 10.9 + 10.9) - 5 \cdot (10.1) = 4.5$

$\sum h_2 = (10.3 + 10.6 + 10.5 + 11.0 + 10.6 + 10.7) - 6 \cdot (10.1) = 3.1$

$\sum h_3 = (10.5 + 10.3) - 2 \cdot (10.1) = 0.6$

$\sum h_4 = (10.1 + 10.2 + 10.4) - 3 \cdot (10.1) = 0.4$

5. 全區土方量　$V = \dfrac{A_m}{4} \cdot (\sum h_1 + 2 \cdot \sum h_2 + 3 \cdot \sum h_3 + 4 \cdot \sum h_4)$，其中 A_m 為每一方格面積，本題 $V = \dfrac{(10)^2}{4} (4.5 + 2 \cdot 3.1 + 3 \cdot 0.6 + 4 \cdot 0.4) = 352.5 \ (\mathrm{m}^3)$

6. 最後，想像將此土方變為一不規則方體，則底面積為 $\sum A_m$，而高程稱平均高程有 $\dfrac{V}{\sum A_m} = \dfrac{352.5}{9 \cdot (10)^2} = 0.39 \ \mathrm{m}$，此值為相對於最低點，故施工基面高程 h 為 $10.1 + 0.39 = 10.49 \ (\mathrm{m})$ 即為所求。

7-10 對向水準測量

問：某車道兩側進行「對向水準測量」如下：（示意圖，非以比例尺繪製）

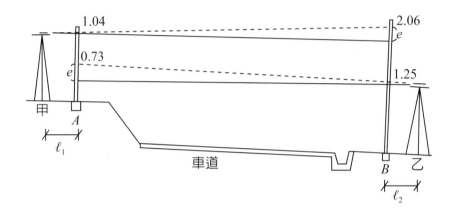

已知 $H_A = 60.7 \text{ (m)}$，求 $H_B = $？並說明對向水準測量之使用時機。

答：1. 本例 $H_B = H_A + \Delta h_{AB}$，欲得 Δh_{AB}，可直接在兩標尺之中點處整置水準儀進行直接水準測量，但此時因車輛往來頻繁，只能將儀器設於甲或乙處，此即使用對向水準測量的時機。然而，因兩標尺與儀器的視距過遠，使儀器自身、地球曲率及大氣折光等因素，其觀測視線不若應有之實線而改以一偏角虛線為之，最終將使遠尺讀數增 e 的系統誤差量。

2. 我們可同時在甲和乙兩處設置相同廠牌型號的水準儀，令 $\ell_1 = \ell_2$，接著將 A 和 B 點上之虛線讀數「校正回歸」至實線代表高程，是以，

甲測站有 $H_B + 2.06 - e = H_A + 1.04$

乙測站有 $H_B + 1.25 = H_A + 0.73 - e$

兩式相加：$H_B - H_A = \dfrac{1}{2}(1.04 + 0.73 - 2.06 - 1.25) = -0.77$

故 $H_B = 60.70 - 0.77 = 59.93 \text{ (m)}$

7-11 以複測法測量水平角

1. 就如使用卷尺上兩刻度可量測距離，我們亦可用水平度盤上的兩刻度量測角度，但因儀器本身的系統誤差，不像卷尺讀數一次便完成一次觀測，經緯儀每次的觀測須有 4 次讀數，分別為正鏡 2 次游標加上倒鏡 2 次游標。

2. 今欲測 $\angle AOB$，使用最小讀數 1' 之經緯儀，欲得精度 20" 之觀測值，應如何進行？首先有公式：精度 $\cdot n$ = 最小讀數，故 $n = \dfrac{1'}{20''} = 3$，接著可以「n 倍角法」或「$2n$ 倍角法」為之。如 $n = 1$ 時稱單角法，$n = 2$ 以上稱複測法。

3. n 倍角法如圖一所示，注意 $\angle AOB$ 指儀器在 O，由 $\overrightarrow{OA}$ 方向順時針轉向 $\overrightarrow{OB}$ 方向之角度值。首先，正鏡照準 A 讀數得 R_o，此值可為度盤上任一刻劃，緊下盤鬆上盤轉向 B，讀數增加為 R_1，鬆下盤回 A 讀數不變，反覆操作得 R_2、R_3，然後縱轉望遠鏡改用倒鏡觀測 B 得 $R_3{}'$，緊下盤鬆上盤逆轉回 A 得 $R_2{}'$，此時讀數倒退，再鬆下盤回 B，反覆操作得 $R_1{}'$ 和 $R_o{}'$，如此便完成一角度觀

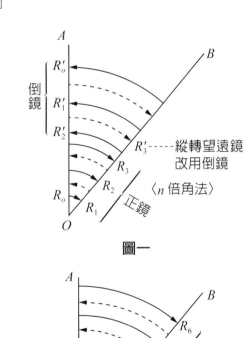

圖一

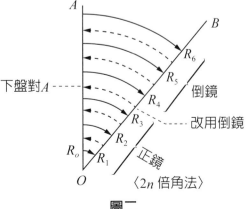

圖二

測，$\angle AOB = \dfrac{1}{3} \cdot \dfrac{(R_3 - R_o) + (R_3' - R_o')}{2}$。

4. 2n 倍角法如圖二所示，至 R_3 為止均與上法相同，接著直接改用倒鏡鬆下盤轉向 A，刻度不動，然後緊下盤轉向 B，刻度增加得 R_4，如此反覆操作得 R_5, R_6，此時 $\angle AOB = \dfrac{1}{6}(R_6 - R_0)$。

7-12　以方向組法測量多個水平角

問：試說明如何以方向組法測 $\angle AOB$ 及 $\angle BOC$（最小刻度 1'，要求精度 30"）。

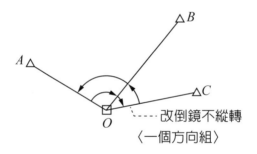

改倒鏡不縱轉
〈一個方向組〉

答：1.前頁我們觀測一個角度，若需在 O 點同時觀測多個角度又如何呢？以本例說明，正鏡照準 A 讀數，轉至 B 及 C 分別讀數，接著改以倒鏡觀測 C 讀數，再逆轉回 B 及 A 分別讀數即完成一個方向組。因最小刻度 1'，要求精度 30"，故需作 $\dfrac{1'}{30"} = 2$ 個方向組，稱作 2 測回。而第 2 測回之起始讀數應比第 1 測回增加 $\dfrac{180°}{n}$，n 為總方向組數，本例 $n = 2$ 故為 90°。

2.如下表所示為水平角方向組法觀測紀錄表

測回	測站	視點	正鏡			倒鏡			平均			歸正			總平均			備註
1	0	A	0	4	0	180	4	2	0	4	01	0	0	0				
		B	104	41	23	284	41	27	104	41	25	104	37	24				
		C	157	8	8	337	8	12	157	8	10	157	4	9				
2	0	A	90	02	3	270	02	4	90	2	4*	0	0	0	0	0	0	∠AOB = 104°37'21"
		B	194	39	23	284	39	20	194	39	22*	104	37	18	104	37	21	∠BOC = 52°26'49"
		C	247	6	15	67	6	15	247	6	15	157	4	11	157	4	10	

3. 正鏡及倒鏡欄位為觀測值，可看出第 2 測回正鏡之 A 的讀數較第 1 測回同樣欄位多出 90°，這是為了能大範圍地使用水平度盤以減少系統誤差，起始讀數不必非在整數 0°00'00" 或 90°0'00" 不可。

4. 其餘欄位均為內業計算，將倒鏡讀數減 180° 後與正鏡讀數相加除以二即得平均值，如此完成平均欄位，接著第 1 測回各值均減去起始平均值 0°4'01"，第 2 測回亦復如是完成歸正欄位，最後將各測回中同樣方向線之讀數取平均即完成總平均欄位。此為該方向的讀數，故角度尚須計算兩讀數的差值，如 ∠AOB = 104°37'21" − 0°0'0" = 104°37'21"，∠BOC 為 157°4'10" − 104°37'21" = 52°26'49"。

7-13　垂直角之讀數與計算

1. 垂直角又稱縱角，亦使用經緯儀觀測，唯縱角依度盤種類有不同定義，亦衍伸出不同的正倒鏡取平均和指標差之計算方法。所謂指標差為來自度盤與讀數裝置之間的常差，類似於稜鏡常數，應予改正。以下分三種度盤分述，以實際觀測值演練，但讀者宜直接當作公式背誦。

2. 以具象限式度盤經緯儀觀測縱角，
正鏡 + 10°51'40"，倒鏡 + 10°51'00"，求縱角及指標差？

$$垂直角 = \frac{(10°51'40" + 10°51'00")}{2} = 10°51'20"$$

$$指標差 = \frac{(10°51'40" - 10°51'00")}{2} = +20"$$

此種度盤所得的垂直角定義如圖一所示。

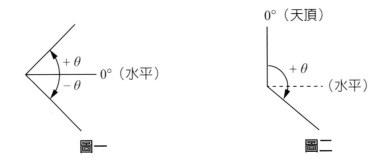

$$圖一 \qquad\qquad\qquad 圖二$$

3. 以天頂式度盤經緯儀觀測縱角，

   正鏡 + 90°04'09"，倒鏡 269°56'05"，求縱角及指標差？

   $$指標差 = \frac{90°04'09" + 269°56'05"}{2} - 180° = 7"$$

   $$天頂距（Z）= 90°04'09" - 7"$$

   $$= \frac{90°04'09" - 269°56'05"}{2} + 180°$$

   $$= 90°04'02"$$

   此種度盤所得之天頂距定義如圖二所示。

4. 以具全圓式度盤經緯儀觀測縱角，若正鏡 12°38'20"，倒鏡
   167°20'20"，求縱角及指標差？

   因正鏡讀數小於 180°，屬仰角，故：

   $$指標差 = 90° - \frac{12°38'20" + 167°20'20"}{2} = 40"$$

   $$垂直角 = 90° + \frac{12°38'20" - 167°20'20"}{2} = 12°39'00"（仰角）$$

其次若正鏡 315°10'15"：倒鏡 224°45'25"，求縱角及指標差？

因正鏡讀數大於 180°，屬俯角，故：

$$指標差 = 270° - \frac{315°10'15" + 224°45'25"}{2} = 2'10"$$

$$垂直角 = 90° - \frac{315°10'15" - 224°45'25"}{2} = 44°47'35" （俯角）$$

此種度盤所得之垂直角定義如圖三所示。

（須先判定仰俯角）

圖三

7-14 經緯儀的傾斜視距測量兼高程化算

問：已知經緯儀之乘常數 $K = 100$，指標差 $-2'$，$H_M = 31.87$ m，求 D_F、D_B、H_F、H_B 為何？並完成下表。

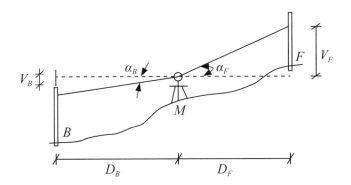

答：1.之前我們談論用卷尺直接測距，用經
　　緯儀直接測角，但是否有可能以測
　　角配合數學公式間接測距呢？此即本
　　例的傾斜視距測量，在經緯儀的照準
　　設備中，視窗如圖一所示，當觀測標
　　尺讀數時，可就上、中、下絲分別讀
　　數，我們可利用此三觀測值推算出豎
　　立標尺處與儀器間的水平距離和高差。

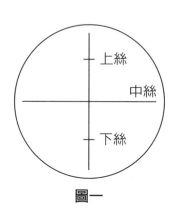

圖一

2.視距測量記錄計算表如下：

測站	儀器高 (i)	視點	上絲 (U) 中絲 (M) 下絲 (L)	垂直角 (α)	改正垂直角 (α')	視距間隔 (S)	水平距離 (D)	高差 (V)	高程
M $H_M = 31.87$	1.47	F	1.972 1.487 1.000	+3°25'	+3°23'	0.972	96.86	5.73	37.58
		B	1.697 1.470 1.242	−1°29'	−1°31'	0.455	45.47	−1.20	30.67

已知數為測站 M 點高程 H_M，觀測值有儀器高 (i) 及上、中、下絲
讀數和垂直角（正值表仰角、負值表俯角），是以，改正垂直角 α'
$= \alpha +$ 指標差，而其餘欄位計算公式如下：

(1) 視距間隔：$S = U - L$

(2) 水平距離：$D = K \cdot S \cdot \cos^2\alpha'$

(3) 高差：$V = \dfrac{1}{2} K \cdot S \cdot \sin 2\alpha'$

(4) 高程差：$H_F = 31.87 + 1.47 + 5.73 - 1.49$

$\qquad\qquad = 37.58$ (m)

$\quad H_B = 31.87 + 1.47 - 1.20 - 1.47 = 30.67$ (m)

7-15 經緯儀的雙高測距法（正切視角測量）

問：B 點二覘標高度 $r_1 = 1.760$ m，$r_2 = 3.760$ m，A 點經緯儀量縱角 $\alpha_1 = 2°08'45''$，$\alpha_2 = 3°18'24''$，另儀器高 $i = 1.47$ m，求 AB 兩點之水平距 D 及高程差 h。

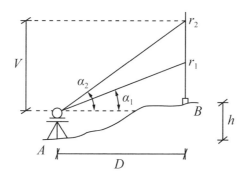

答：1.前集之上絲與下絲之讀數因間隔過小而存有視差，故加大間隔，改觀測下、上兩覘標讀數及縱角而有 r_1、α_1 和 r_2、α_2，如此便有以下公式須一記：

$$D = \frac{r_2 - r_1}{\tan\alpha_2 - \tan\alpha_1} = \frac{3.760 - 1.760}{\tan(3°18'24'') - \tan(2°08'45'')} = 98.488 \text{ (m)}$$

$$V = D \cdot \tan\alpha_2 = 5.69 \text{ (m)}$$

故 $V + i = h + r_2 \Rightarrow h = 5.69 + 1.47 - 3.76 = 3.4$ (m)

7-16　經緯儀的橫距桿測距法

問：在 B 點設置「橫距桿」$\ell = 2$ m，桿高 $h_i = 1.57$ m，量得水平角 $\theta = 1°44'25"$，縱角 $\alpha = -0°28'41"$，求 A、B 兩點之水平距 D 及高程差 h（儀器高 $i = 1.44$ m）。

答：前節方法有兩覘標間隔不固定的缺點，故將該二點改為水平橫桿之兩端，並使橫桿長為一已知尺寸，現觀測值改為兩端點與儀器方向之水平角 θ、縱角 α 及桿高，則可利用以下公式推得 D、V 及 h：

$$D = \frac{\ell}{2} \cdot \cot \frac{\theta}{2} = \frac{2}{2} \cdot \cot \frac{1°44'25"}{2} = 65.842 \text{ (m)}$$

$$V = D \cdot \tan \alpha = 65.842 \cdot \tan(-0°28'41") = -0.55 \text{ (m)}$$

$$\text{故 } V + i = h + h_i \Rightarrow h = -0.55 + 1.44 - 1.57 = -0.68 \text{ (m)}$$

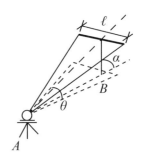

7-17　從已知兩點座標推算未知點座標

問：已知 A 座標（178064, 2521437），B 座標（178243, 2521632），今觀測得 $\angle BAC = 47°08'33"$，$Z_{AC} = 89°14'23"$，AC 傾斜距離 $S_{AC} = 63.275$ m，儀器高

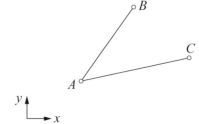

$i = 1.582$ m，稜鏡高 $i_c = 1.5$ m，$H_A = 6.968$ m，求 C 點座標及高程。

答：1. 測量學又稱空間資訊學，不論是測角或測距，最終目的為將未知點的空間資訊展繪成可視圖像，為要使之「可視化」，通常引入三維卡氏座標系以座標表示，各已知點及未知點。平面座標系可以是〈x　y〉或〈E　N〉，本書使用一般數學象限如圖一。

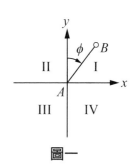

圖一

2. 座標計算中，方位角 ϕ 為必要參數，ϕ_{AB} 之定義如圖一所示，在 A、B 點座標均已知下

$$\tan\phi_{AB} = \frac{178243 - 178064}{2521632 - 2521437} \Rightarrow \phi_{AB} = 42.5503 = 42°33'01''$$

故 $\phi_{AC} = \phi_{AB} + \angle BAC = 89°41'34''$

注意，在此例中 B 點座標只是為了得 ϕ_{AC} 而已，之後的計算只須考慮 A、C 二點。

3. 接著我們分作平面座標 x, y 和高程座標 H_C 討論，依題意繪出立面圖如圖二所示，水平距 $\ell_{AC} = S_{AC} \cdot \sin z_{AC} = 63.269$ (m)，然後繪出平面圖如圖三求橫距 ΔX 及縱距 ΔY

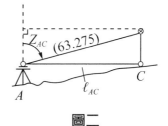

圖二

$\Delta X = \ell_{AC} \cdot \sin \phi_{AC} = 63.269 \cdot \sin 89°41'34'' = 63.27$ (m)

$\Delta Y = \ell_{AC} \cdot \cos \phi_{AC} = 63.269 \cdot \cos 89°41'34'' = 0.34$ (m)

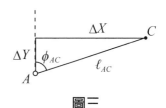

圖三

再以平移概念將已知點 A 點座標考慮進來得 C 點座標

$C_X = 178064 + 63.27 = 178127.27$

$C_Y = 2521437 + 0.34 = 2521437.34$，可寫爲 C（178127.27，2521437.34）

4. H_C 則先參考圖二有高程差 $\Delta h_{AC} = 63.275 \cdot \cos Z_{AC} = 0.840$ (m)，

故 $H_c = H_A + i + \Delta h_{AC} - i_c$

$= 6.968 + 1.582 + 0.840 - 1.5$

$= 7.89$ (m)

5. 讀者宜注意本頁開始與座標計算相關之計算，不可死記，立面及平面計算所用之三角形和三角函數應多多練習！

7-18 座標計算的一般化公式

1. 前頁之未知點 B 在相對於已知點 A 的第一象限，故有 $X_B = X_A + \ell_{AB} \cdot \sin\phi_{AB}$，$Y_B = X_B + \ell_{AB} \cdot \cos\phi_{AB}$ 之公式，試問若在其他象限又該如何呢？在此我們先試圖使用計算用三角形和三角函數進行推導，此種方式雖看似較繁瑣，但拿來練習手感卻極好。

2. 我們將未知點 B、C、D 及 E 相對於 A 的 4 個象限關係圖繪出如下，並將計算 ΔX 與 ΔY 所用之三角形分別繪於相對應的象限內。

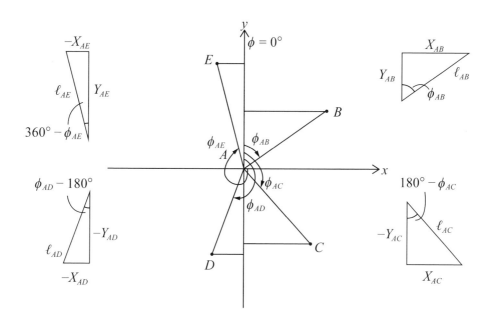

3. 可將 ΔX 及 ΔY 之公式分 4 個象限整理為下表：

象限	ΔX	ΔY
I	$\ell_{AB} \cdot \sin \phi_{AB}$	$\ell_{AB} \cdot \cos \phi_{AB}$
II	$-\ell_{AE} \cdot \sin(360° - \phi_{AE})$	$\ell_{AE} \cdot \cos(360° - \phi_{AE})$
III	$-\ell_{AD} \cdot \sin(\phi_{AD} - 180°)$	$-\ell_{AD} \cdot \cos(\phi_{AD} - 180°)$
IV	$\ell_{AC} \cdot \sin(180° - \phi_{AC})$	$-\ell_{AC} \cdot \cos(180° - \phi_{AC})$

本公式計算兩點相對距離，若已知 A 為 (X_A, Y_A) 則未知點 B 之座標為 $(X_A + \Delta X, Y_A + \Delta Y)$ 。

7-19　座標計算例說之一

1. 一測量工作欲由已知點 A 和 B 定未知點 P 之座標，測得 $\overline{AP}$、$\overline{BP}$ 及 $\angle APB$ 如圖所示，試求 P 點座標。就數學而言，P_x 和 P_y 為 2 個未知數，理論上僅需 2 個觀測量即足，故本題解法應不只一種。

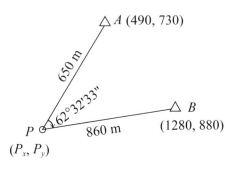

2. 首先參考 A 相對於 B 在第三象限，將 $\langle x \; y \rangle$ 之原點設於 B 點，注意 x 及 y 軸方向非隨意設定，標定 ϕ_{BP} 如圖一所示，(P_x, P_y) 欲從已知點 B 推未知點 P，需要 $\overline{BP}$ 及 ϕ_{BP}，而 ϕ_{BP} 參考圖上幾何條件為 $\phi_{BA} - \angle PBA$。

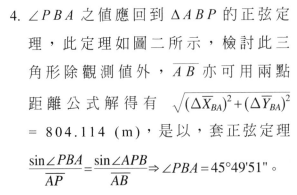

圖一

3. 兩已知點之方位角必然可求，

$$\tan^{-1}\left|\frac{490 - 1280}{730 - 880}\right| = 79.249°$$，因 A 在 B 的第三象限，故 $\phi_{BA} = 79.249° + 180° = 259°14'57"$。

4. $\angle PBA$ 之值應回到 $\triangle ABP$ 的正弦定理，此定理如圖二所示，檢討此三角形除觀測值外，$\overline{AB}$ 亦可用兩點距離公式解得有 $\sqrt{(\Delta \overline{X}_{BA})^2 + (\Delta \overline{Y}_{BA})^2}$ $= 804.114$ (m)，是以，套正弦定理 $\dfrac{\sin \angle PBA}{\overline{AP}} = \dfrac{\sin \angle APB}{\overline{AB}} \Rightarrow \angle PBA = 45°49'51"$。

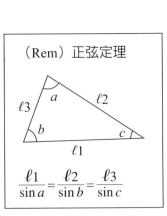

（Rem）正弦定理

$$\frac{\ell 1}{\sin a} = \frac{\ell 2}{\sin b} = \frac{\ell 3}{\sin c}$$

圖二

5. 綜上二點可知 $\phi_{BP} = 259°14'57" - 45°49'51"$

= 213°25'06"，可知 P 點亦在 B 點的第三象限，故可代座標計算公式有

$\Delta X_{BP} = -\ell_{BP} \sin(\phi_{BP} - 180°) = -473.6$

$\Delta Y_{BP} = -\ell_{BP} \cos(\phi_{BP} - 180°) = -717.8$

又 $B_X + \Delta X_{BP} = P_X \Rightarrow P_X = 806.4$；

$B_Y + \Delta Y_{BP} = P_Y \Rightarrow P_Y = 162.2$，

故 P 點座標為（806.4, 162.2）即為所求。

6. 本題亦可將〈$x\ y$〉之原點設於 A 點，如此便用上 ℓ_{AP} 之觀測值，其 P 點座標會有些不同，但亦為正解。

7-20 座標計算例說之二

1. 考慮有已知點 A, B 和未知點 c、d 形成一封閉四邊形，並有觀測量如圖一所示，現欲解算 c、d 座標值，並進行改正，應如何進行？首先，應先決定解算順序，本節擬以 $ABCD$ 順序逐點求解。

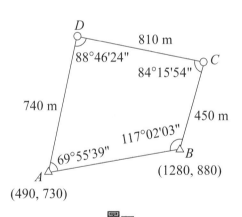

圖一

2. 為方便展現解算過程，列表如下，注意考試時不一定須列表，但此表仍有一記之價值。對於多未知點，應先將各方位角解出，$\phi_{AB} = \tan^{-1} \left| \dfrac{1280 - 490}{880 - 730} \right| = 79°14'57"$，因 B 在 A 之第一象限，故不必校正。

點位	方位角 ϕ	邊長	ΔN	改正	ΔE	改正	N	E
A	79°14'57"						730	490
B							880	1280
	16°17'00"	450	+431.949	−0.001	+126.174	0		
C							1311.948	1406.174
	280°32'54"	810	+148.283	−0.002	−796.312	+0.001		
D							1460.229	609.863
	189°19'18"	740	−730.228	−0.001	−119.863	0		
A			[−149.996]		[−790.001]			

3. ϕ_{BC}、ϕ_{CD} 及 ϕ_{DA} 之求解輔助圖如圖二，不同象限的處理方式不同，熟練後效率自會提升。

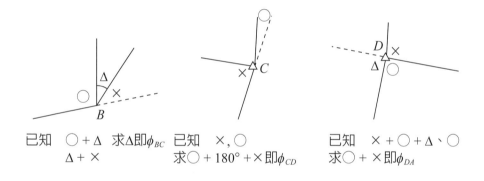

已知 ○ + △ 求△即ϕ_{BC}
△ + ×

已知 ×,○
求○ + 180° + ×即ϕ_{CD}

已知 × + ○ + △、○
求○ + ×即ϕ_{DA}

4. 接著以方位角和邊長套入座標計算公式得 ΔN 及 ΔE，各自加總有 [ΔN] 及 [ΔE]，此值參考已知點 A、B 的相對關係有拘束條 −150 和 −790，應進行改正，邊長愈大誤差愈多應分配較大改正值。最後解得未知點座標 C（1406.174, 1311.948）及 D（609.863, 1460.229）即為所求。

7-21　展開導線之計算

問：A、B、1 及 7 點均為已知點，觀測各邊長及折角得觀測值如表所示，試完成此表以求 2～6 點座標。

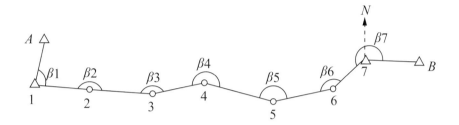

答：1.本頁刻意提出了一個計算量大的例子，輔助讀者在反覆操作中找到手感。單就數學來看，此計算有 10 個未知數，13 個觀測量，故應有 13 − 10 = 3 個拘束條件可供改正，其對象分別為角度、橫距及縱距。

2.以下是導線計算表，各折角、邊長及已知點座標值可先填入，並先計算 ϕ_{A1} 及 ϕ_{1B}。

點號	折角（β）			平差	方位角（φ）			邊長		ΔX		ΔY		橫座標		縱座標	
A					192	15	20							179922	565	2509521	609
1	83	57	08	+12	96	12	40	207	322	−39 206.105	⊖	−3 22.431		179854	174	2509206	766
2	177	10	05	+13	93	22	58	311	532	−58 310.989	⊖	−4 18.382		180060	240	2509184	332
3	165	50	28	+12	79	13	38	263	242	−49 258.603		−4 49.204		180371	171	2509165	946
4	210	21	22	+13	109	35	13	340	508	−64 320.804	⊖	−4 114.151		180629	725	2509215	146
5	149	44	56	+12	79	20	21	280	849	−52 276.001		−4 51.956		180950	465	2509100	991
6	142	00	02	+13	41	20	36	210	903	−39 139.316		−3 158.339		181226	414	2509152	943
7	226	23	44	+12	87	44	32	[Δ]						181365	691	2509311	279
B								1511.818				104.535		181656	034	2509322	726

3. 首先，折角須先進行平差，將各折角加總有 $[\beta] = 1155°27'45"$，有閉合公式 $\phi_{A1} + [\beta] - n \cdot 180° = \phi_{7B}$，其中 n 為折角數，如此得閉合差 f_w 為 $-1'27"$，平均分配予各折角補回 12"，剩餘 3" 則隨機分配即可。

4. 接著計算方位角，ΔX 及 ΔY 之方法均和前述相同不另贅述，完成後將 ΔX 加總為 $[\Delta X]$ 有 1511.818，此應為 $X_7 - X_1 = 1511.517$，故存有閉合差 W_X 為 + 0.301，應依各邊長佔總測線長之比例扣回，例如 ΔX_{12} 的改正值為 $-0.301 \cdot \dfrac{207.322}{1614.356} = -0.039$，記於右上方格，$\Delta Y$ 部分比照辦理。

5. 最終將各未知點座標算出，例如 $X_2 = X_1 + \Delta X_{12} = 179854.174 + 206.105 - 0.039 = 180060.240$；完成此表即得各未知點座標。

7-22 三角測量由已知點推算未知點座標

問：A、B 為已知點，測得 $\beta 1$ 及 $\beta 2$，求 C 點座標。

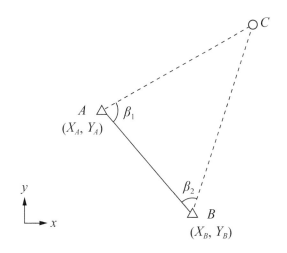

答：1. 在過去電子測距技術未成熟時，間接定位測量多以測角為之，例如本例以 AB 邊為基線，量測 β_1 及 β_2 即兩方向線交於 C，如此便以 2 觀測量求解 2 未知數 X_C, Y_C。此種方法在三角測量中稱前方交會法，而數學求解流程如下。

2. 首先解得基線長度 $\ell_{AB} = \sqrt{(X_A - X_B)^2 + (Y_A - Y_B)^2}$；方位角 $\phi_{AB} = \tan^{-1} \dfrac{|X_B - X_A|}{|Y_B - Y_A|}(-1) + 180°$，注意方位角依兩點相對位置在不同象限有不同算法。

3. 考慮 $\triangle ABC$，由正弦定理可推得 $\ell_{AC} = \sin\beta_2 \cdot \dfrac{\ell_{AB}}{\sin(180° - \beta_1 - \beta_2)}$；$\ell_{BC} = \sin\beta_1 \cdot \dfrac{\ell_{AB}}{\sin(180° - \beta_1 - \beta_2)}$。

4. 最後我們可以選擇由 A 點推 C 點，參考圖一 $\phi_{AC} = \phi_{AB} - \beta_1$，故 $\Delta X_{AC} = \ell_{AC} \cdot \sin\phi_{AC}$、$\Delta Y_{AC} = \ell_{AC} \cdot \cos\phi_{AC}$，是以 C 點座標為（$X_A + \ell_{AC} \cdot \sin\phi_{AC}$, $Y_A + \ell_{AC} \cdot \cos\phi_{AC}$），亦可選擇由 B 點推 C 點，參考

圖二 $\phi_{BC} = \phi_{AB} + \beta_2 - 180°$，故 $\Delta X_{BC} = \ell_{BC} \cdot \sin \phi_{BC}$、$\Delta Y_{BC} = \ell_{BC} \cdot \cos \phi_{BC}$，是以 C 點座標爲 $(X_B + \ell_{BC} \cdot \sin\phi_{BC}, Y_B + \ell_{BC} \cdot \cos\phi_{BC})$。

5. 本節刻意將座標計算流程一般化，以便突顯不論題型如何變化，思路仍類似的特性。

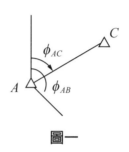
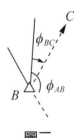

7-23 視準點歸心計算

問：如圖 A、B 爲已知點，有以下觀測值，試求 $\theta = ?$（此圖不符比例尺）

答：1. 在 B 點架設儀器欲測定 C 點座標，但 BC 間無法通視，便將 C 點改至 C' 點，爰有本節計算。

2. 觀察 $\Delta BCC'$，利用正弦定理有 $\dfrac{\sin(\theta' - \theta)}{e} = \dfrac{\sin\phi}{S} \Rightarrow \theta = 73°31'28''$ 即爲所求。

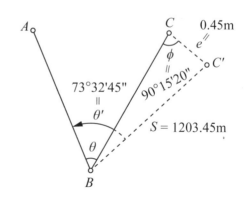

7-24 測站歸心計算

問：如圖 A、B 為已知點，有以下觀測值求 $\alpha = ?$（此圖不符比例尺）

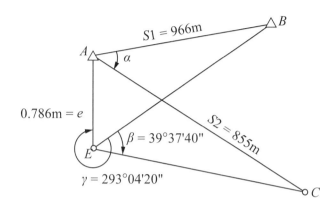

答：1. 本來打算在 A 點架設儀器欲測定 C 點座標，因某些原因改在 E 點為之，爰有本節計算。

2. 令 $\angle ABE = X_1$，$\angle ACE = X_2$，則有 $\alpha + x_1 = \beta + x_2$。

利用正弦定理

依 $\triangle ABE$ 有 $\dfrac{\sin X_1}{e} = \dfrac{\sin(360° - \gamma - \beta)}{S1}$

且依 $\triangle ACE$ 有 $\dfrac{\sin X_2}{e} = \dfrac{\sin(360° - \gamma + \beta)}{S2}$，檢討方程式數量 2 條，未知數有 2 個，恰可解得 $X_1 = 0°02'34''$，$X_2 = 0°03'02''$，是以 $\alpha = \beta + X_2 - X_1 = 39°38'08''$ 即為所求。

7-25　前方交會法的座標計算

問：A、B 為已知點，測得 $\alpha = 30°$，$\beta = 60°$，求 P 點座標 (P_X, P_Y)。

答：1.首先，由基線得 $\ell_{AB} = 5$，$\phi_{AB} = 36.87°$，接著可由 A 推向 P 有 $\phi_{AP} = \phi_{AB} - 30° = 6.87°$，正弦定理 $\ell_{AP} = \dfrac{\ell_{AB}}{\sin 90°} \cdot \sin 60° = 4.33$，故 $P_x = A_x + \ell_{AP} \cdot \sin \phi_{AP} = 0.518$、$P_y = A_y + \ell_{AP} \cdot \cos \phi_{AP} = 4.299$。

2.亦可由 B 推向 P 有 $\phi_{BP} = \phi_{AB} + 180° + 60° = 276.87°$，正弦定理 $\ell_{BP} = \dfrac{\ell_{AB}}{\sin 90°} \cdot \sin 30° = 2.5$，故 $P_x = B_x - \ell_{BP} \cdot \sin(360° - \phi_{BP}) = 0.518$、$P_y = B_y + \ell_{BP} \cdot \cos(360° - \phi_{BP}) = 4.299$。

7-26　兩已知點互不相通視的前方交會法

問：A、B、C、D 為已知點，查得 $\phi_{AC} = 295°$，$\phi_{BD} = 25°$，測得 $\alpha = 71.87°$，$\beta = 108.13°$，求 P 點座標。

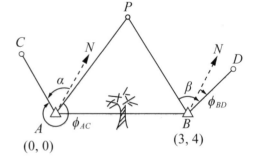

答：1.前節計算應予熟練，因題型變化萬千，均以「歸正」為前方交會法為主要思路，例如本題 AB 之間無法通視，引入另兩已知點 C 及 D，欲以 ϕ_{AC} 和 α 取代 $\angle PAB$ 之觀測，亦欲以 ϕ_{BD} 和 β 取代 $\angle ABP$。

2. $\angle PAB$ 之計算參考圖一，有 $\gamma = \phi_{AC} + \alpha - 360° = 6.87°$，故 $\angle PAB$ $= \phi_{AB} - \gamma = 30°$，另 $\angle ABP$ 之計算參考圖二，有 $\phi_{BA} = \phi_{AB} + 180° = 216.87°$，故 $\angle ABP = 360° - (\beta + \phi_{BA} - \phi_{BD}) = 60°$，如此便還原回前節求解 P 點座標，不再贅述。

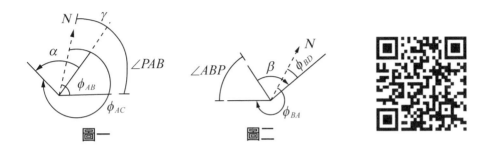

圖一　　　　　圖二

7-27　側方交會法的座標計算

問：A、B 點為已知點，今因 B 點不易架站，改測得 α 及 β，求 P 點座標。

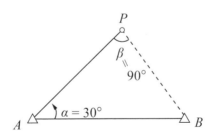

答：1. 如圖將 β 由 $\angle ABP$ 改在 $\angle BPA$，此種方法稱「側方交會法」，在數學上因三角形內角和為 $180°$，故 $\angle APB = 180° - \alpha - \beta$，考慮 α 及 $\angle APB$ 即還原回前方交會法！

7-28 三邊測量法的座標計算

問：A、B 點為已知點，測距得 $\ell_{AP} = $ 4.33 m，$\ell_{BP} = 2.5$ m，求 P 點座標。

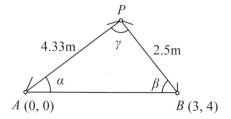

答：1. 現若想以 $\overline{AP}$ 及 $\overline{BP}$ 邊長取代 α 及 β 是否可行？解題思路仍相同，我們可先以餘弦定理解得 γ，再利用正弦定理解出 α 和 β 即返回前方交會法。

2. 餘弦定理公式在 1-13 節已推導過，故有 $\cos\gamma = \dfrac{(4.33)^2 + (2.5)^2 - (\ell_{AB})^2}{2(4.33)(2.5)}$

$\Rightarrow \gamma = 90°$，接著使用正弦定理 $\dfrac{2.5}{\sin\alpha} = \dfrac{5}{\sin\gamma} \Rightarrow \alpha = 30°$，此時雖可以 $\beta = 180° - \alpha - \gamma = 60°$ 返回前方交會法，但其實欲求 P 點座標只須先以 α 和 ϕ_{AB} 求 ϕ_{AP}，再配合 ℓ_{AP} 即可求解，故 β 值之計算可省。

7-29 利用地形圖繪製同坡度線及土方量計算

例說

一地形圖如圖所示：

1. 試繪出 A-A 剖面圖（頂點為 $H = 98$ m）。

2. 一登山隊欲從 S 點登頂，試決定坡度 4% 之路線。

3. 已知 $A_1 = 288$ m²，$A_2 = 132$ m²，$A_3 = 56$ m²，$A_4 = 18$ m²，試求此山丘的土方量。

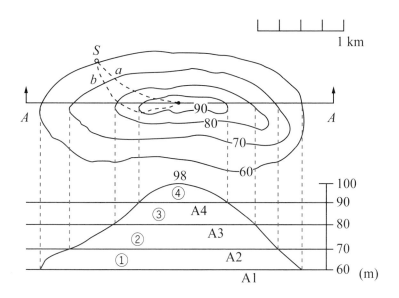

答：1.等高線地形圖是表現測量成果的一種傳統且重要的方法，相關問答詳後頁，我們利用本題一次性說明與計算有關的部分。

2.剖面圖繪製，第一步先繪一與 A-A 剖線平行的底線於圖之下方空白處；第二步參考主曲線間隔代表距離繪出高程軸，本例是 10 m；第三步自剖線與等高線的交點處「下拉」如圖之虛線交於高程相對應的軸線，最後將各點連結即成剖面圖，線形憑感覺「拉順」即可。

3.欲在等高線上決定 4% 坡度的路線，需先算出該等坡度在圖上兩等高線間之應有長度，本題等高距為 10 m，故利用圖一所示的關係有 $\frac{10}{\ell}=\frac{4}{100}$ 得 ℓ

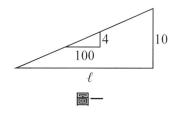

= 250 m，接著參考圖面比例尺得 ℓ 為 1 格之長度，然後以 S 點為圓心，該長度為半徑畫圓交 70 m 之等高線於 a、b 二點 $\overline{sa}$ 及 $\overline{sb}$ 即坡度 4% 之路線，再分別以 a 和 b 為圓心反覆操作至登頂為止。

4. 現欲以此等面積配合高程差求體積，有兩種公式，其一爲稜柱體公式，此法需一次處理兩層，故我們分作①、②和③、④處理，每組以中間層之面積權重爲 4，上下層面積權重爲 1，是以

$$V = \frac{1}{6}(288 + 4 \times 132 + 56) \cdot 20 + \frac{1}{6}(56 + 4 \times 18 + 0) \cdot 18 = 3291 \ (m^3) ,$$

其二爲平均斷面法，每層各自處理，上下層面積權重均爲 1，故 V

$$= 10\left(\frac{288 + 132}{2}\right) + 10\left(\frac{132 + 56}{2}\right) + 10\left(\frac{56 + 18}{2}\right) + 8\left(\frac{18 + 0}{2}\right) = 3482 \ (m^3) \ 即$$

爲所求。

7-30 簡易面積計算

1. 測量之外業取得觀測值，於內業繪製成地形圖後，我們便可由該圖擷取出需要資訊，而面積是其中一種常見類型，如圖一有一三角形，給角點座標，面積爲何？

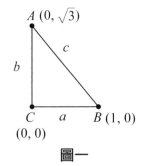

圖一

2. 在此介紹海龍公式。首先，利用兩點距離公式得邊長有 $a = 1$，$b = \sqrt{3}$，$c = 2$，接著令

$$S = \frac{a + b + c}{2} = 2.366 ，最後建立公式有 A = \sqrt{S(S-a)(S-b)(S-c)} = 0.866$$

即爲所求。此法可應用於任意多邊形如圖二所示，給定各角點座標，必能以正弦或餘弦定理推得各虛線邊長，進而使用上開公式求各三角

形面積，最終加總各面積值即可。此法在考試時如遇到不給座標，只給邊長時特別好用。

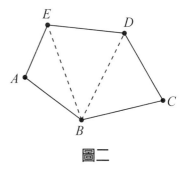

圖二

3. 然而，考試更常用的是「倍橫距法座標計算面積公式」，返回圖一，我們提出之「寫法」爲 $A = \left| \frac{1}{2} \begin{bmatrix} 0 & 0 & 1 & 0 \\ \sqrt{3} & 0 & 0 & \sqrt{3} \end{bmatrix} \right|$

$= \left| \frac{1}{2}(0 \cdot 0 + 0 \cdot 0 + 1 \cdot \sqrt{3}) - (0 \cdot \sqrt{3} + 1 \cdot 0 + 0 \cdot 0) \right| = 0.866$，中括弧內以

任意點座標開始，x 值在上，y 值在下，例如本例以 A 點開始，0 在上，$\sqrt{3}$ 在下，接著以順或逆時針順序排列各角點座標，最後回到第一點。中括弧之算法是左上右下相乘各值加總減去右上左下相乘加總。

7-31　單曲線的定義與樁號計算

問：若已知 A 點 $B.C.$ 樁號爲 0K + 000，且此單曲線曲線半徑 $r = 800$ m，中心角 $\alpha = 60°$，試求切線交點 V 點及 B 點 $E.C.$ 之樁號，並求切線長 t、外距 e、中距 m、長弦 c 及零弧。

答：1. 在道路工程中，若遇有轉彎，我們通常使用圓弧處理，此線型稱單曲線，有其半徑 r 和中心角 α，其他衍生的名詞定義及計算公式如圖一所示。

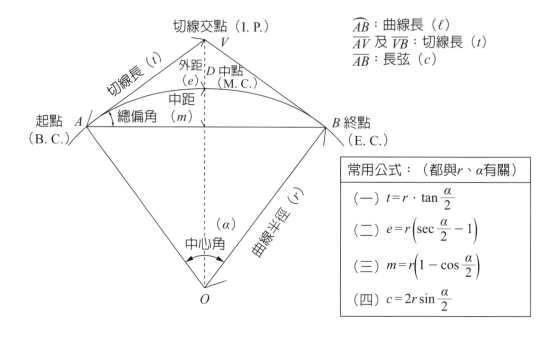

2. 回到本題，先依公式求出各必要尺寸如下，公式之推導不在此贅述。

$$t = 800 \cdot \tan \frac{60°}{2} = 461.88 \text{ m}$$

$$e = 800 \cdot (\sec 30° - 1) = 123.76 \text{ m}$$

$$m = 800 (1 - \cos 30°) = 107.18 \text{ m}$$

$c = 2 \cdot 800 \cdot \sin 30° = 800$ m，接著自 A 點推樁號，累加 $\overset{\frown}{AB}$ 弧長

$\ell = 800 \cdot \dfrac{60}{180} \cdot \pi = 837.76$ m 得 B 點樁號為 0K + 837.76；累加切線

長 $t = 461.88$ m 得 V 點樁號 0K + 461.88 即為所求。

3. 所謂零弧係為自 A 起沿曲線長累加整弧後到 B 點前之餘數，依我國習慣一整弧為 20 m，故零弧為 17.76 m。

7-32　單曲線之樁號計算

問：欲測設一單曲線自 A 至 B，唯 I.P. 點在山壁內部，只能釘定 $\overline{CD}$
及 $\overline{EF}$ 兩切線並量得 $\overline{DE}$ = 39.4 m，另測得 ϕ_{CD} = 21°14'28"，ϕ_{DE} =
77°48'36"，ϕ_{EF} = 137°26'16"，若 r = 85 m，B.C. 為 16^k + 835.33，求 B
之樁號及中距、外距、長弦為何？

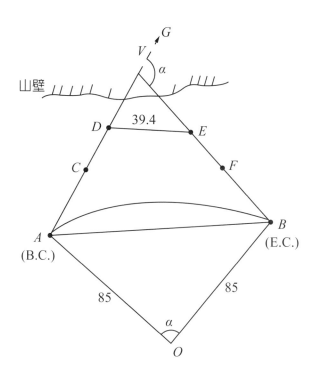

答：1.本題為單曲線計算的常見變化題，$\angle GVB$ 稱外偏角，其值等於
圓心角 α，而 $\angle VDE = \phi_{DE} - \phi_{CD} = 56°34'08"$、$\angle DEV = \phi_{EF} - \phi_{DE} =$
59°37'40"。故依外角定理 $\angle GVB = \angle VDE + \angle DEV = 116°11'48"$ 即
圓心角。

2.一旦有了 α 和 r，就返回前頁之圓曲線計算，如下：

(1)B 之樁號

$$\overset{\frown}{AB} = 85 \cdot \frac{116°11'48"}{180°} \cdot \pi = 172.38$$

故 B 為 $17^k + 007.71$

(2) 中距 $m = r\left(1 - \cos\frac{\alpha}{2}\right) = 85 \cdot \left(1 - \cos\frac{116°11'48"}{2}\right) = 40.08$ (m)

(3) 外距 $e = r\left(\sec\frac{\alpha}{2} - 1\right) = 75.84$ (m)

(4) 長弦 $c = 2r\sin\frac{\alpha}{2} = 144.32$ (m)

7-33　測量學概論（一）

問一：試解釋測量學與空間資訊學之差別？

答：測量學為「研究實施測量技術所必需之理論及應用方法」之學問；隨科學技術發展，測量學已從地面到空中，從靜態到動態，從宏觀到微量，從手工到自動化，從類比到數位，因此，「空間資訊學」之名詞被提出，定義為「對所研究的自然或人造實體，利用儀器及其組合系統對這些實體進行與幾何有關的採集、測量、判釋、管理、儲存、傳遞、分析、顯示、分發和利用等不同目的之技術，俾以產製實體詳細易懂之視覺化圖像。」

問二：大地測量與平面測量之差別？

答：1. 大地測量：所測面積廣大，須顧及地球表面曲率之測量，通常視地球為一橢球體，所用之儀器及測算方法較精密，其成果常為平面測量之依據。

2. 平面測量：施測面積以 200 km^2 爲限，可視地球表面曲率爲零之測量。但若直線在 500 m 以上者，求測點高程時，仍須顧及地球曲率。

問三：測量之原理爲何？試繪圖說明。

答：測量之基本原理在於應用各種方法以求得「點」之關係位置。通常皆由已知點（稱基點或控制點）發出，測定新點，如此不僅可標示於圖上，且可視需要將點連成線及面，繪成圖籍。方法有以下：

名稱	圖示	說明	時機
三邊法	C 頂點，邊 ℓ_1、ℓ_2，底 A、B	由 A、B 推 C 測 ℓ_1、ℓ_2	細部
支距法	C 頂點，ℓ_1，底線 A、ℓ_2、D、ℓ_3、B	由 A、B 推 C 測 ℓ_1、ℓ_2 或 ℓ_1、ℓ_3	細部
交點法	A、D、C、B 交於 E；A、B、C、D、E	由 A、B、C、D 推 E 冤測	定椿、放樣
導線法	C，ℓ，α，A、B	由 A、B 推 C 測 α、ℓ	導線
偏角法	C'，C，ℓ，α，A、B		放樣

名稱	圖示	說明	時機
交會法		由 A、B 推 C 測 α、β、γ 擇二	三角
三點法		由 A、B、C 推 D 測 α、β	三角

7-34　測量學概論（二）

問四：試述 TWD 97 定義及採用之參考橢球體及投影方式。

答：內政部自民 82 年起，爲建立國家統一座標系統，配合 GPS 之發展，規劃一、二等衛星控制網，於 1997 年辦竣，命名「1997 台灣大地基準」，即 TWD 97。

參考橢球體採用「GRS 80」，其參數爲：長半徑 a = 6,378,137 公尺，扁率 f = 1/298.257222101。

投影方式採用「橫麥卡托投影經差二度分帶」，其中央標準經線爲東經 121°，座標原點爲中央標準經線與赤道之交點，原點向西平移 250,000 公尺，中央標準經線尺度比爲 0.9999。

問五：測量作業前，到測量區域進行全面性踏勘之目的爲何？

答：主要係爲完成測量計劃之撰寫，踏勘爲充分了解以下事項有：（一）測量之目的與用途；（二）測量之區域大小；（三）地形是否複雜；（四）所要求之精度是否易於實現；（五）所能應用之儀器及工具；（六）測量隊之組織及員額；（七）測量之預算；（八）製圖的比例尺；（九）測量之具體方法及任務安排。

問六：簡述測量用具之分類。

答：分作四大類，有（一）儀器：全站儀、經緯儀、電子測距儀、衛星接收儀、水準儀等。（二）用具：標桿、測針、捲尺等。（三）手工具：斧、鋸。（四）文具：計算機、三角板等。

問七：試說明測量之內業及外業工作內容。

答：外業工作有（一）檢點及校正儀器；（二）設立測量標誌；（三）測量水平角及距離；（四）測量高低差；（五）記錄所測成果；（六）細部測量及回饋內業需求。

內業工作有（一）整理第一手資料；（二）計算距離等未測但可推算之數值；（三）平差與計算精度；（四）計算業主所需之座標、高程、面積或體積；（五）製作圖籍。

問八：測量儀器爲何須時常校正？誤差來源有幾種？如何避免？

答：誤差種類、原因及避免方式分述如下：（一）儀器誤差：起因爲儀器裝置用後受振動等之變形、變位如螺絲鬆動等，使用前應依儀器說明書校正。（二）人爲誤差：起因爲人之視力及反應能力不同如讀數不正確或心口手

不一等，此種誤差大小因人而異，如觀測者經驗豐富、態度謹慎，則多可控制。（三）自然誤差：起因於日曬、風吹、溫差、大氣折光及磁針偏差等如儀器氣泡在日曬下膨脹使定平失準等。此種誤差有些可以透過施測方法使其消彌或減少影響，但測量應避免極端天候。

問九：試述誤差之種類。

答：可歸納爲三大類有：（一）錯誤，如人爲之疏忽，可透過第二人重複檢覈避免。（二）系統誤差，係由於儀器本身構造使然，可以改正。（三）偶然誤差，無法找到原因的誤差均屬於此類，可透過平差進行改善。

7-35　測量學概論（三）

問十：何謂精度？與準確度之區別爲何？

答：精度係表示各觀測值間接近最或是值之程度；而準確度係表示絕對接近眞值之程度，用射箭比喻，其靶心爲眞值：

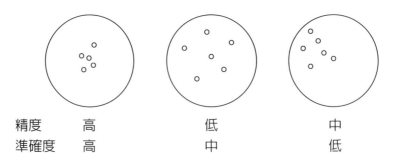

精度	高	低	中
準確度	高	中	低

問十一：影響精度之因素為何？應如何量化？

答：精度取決於儀器、方法及技術，應以中誤差量化之，即謂一組觀測值中，各觀測值存有眞誤差 ε_1、ε_2、ε_3……ε_n，則中誤差 σ 為：

$$\sigma = \sqrt{\frac{\varepsilon_1^2 + \varepsilon_2^2 + \varepsilon_3^2 + \cdots + \varepsilon_n^2}{n}} = \sqrt{\frac{[\varepsilon\varepsilon]}{n}}$$

[] 表示加總，所得 σ 值愈小，精度愈高。

但因眞值及眞誤差無法以觀測得之，故僅能以最或是值代替，即以各觀測值與最或是值之差值 v_1、v_2、v_3、……v_n 代替 ε，並依「最小自乘法」，各觀測值中誤差 $m = \pm\sqrt{\frac{[vv]}{n-1}}$，而最或是值中誤差 $M = \pm\frac{m}{\sqrt{n}}$

問十二：試說明測量在工程上之應用。

答：分三大類說明如右：（一）土木工程如路線測定、溝渠開通、河川疏濬、水庫興建、機場修築、房舍建造等均有放樣、土方量估算、蓄水量估算、平剖面圖資繪製等需求。（二）經濟建設如資源探查、礦山開採、電力敷設、森林開發、水利灌溉、漁業船舶定位、農業耕地面積評估等，均需有圖資參照。（三）行政建設如公私地之界址確定，細如國界、省界、縣市界、地權界等鑑界。另有地籍圖測繪、作為土地價值之客觀基準，收繳賦稅之依據並減少土地使用權之紛爭。另都市規劃設計、再造、資源調配等都需以都市地形圖產製為首要工作。

7-36 距離測量（一）

問十三：試述卷尺之種類。

答：分作五種說明：（一）布皮卷尺，質輕便攜，裝於盒中易保存，唯抗拉力小，伸長變形大，$m = \pm[1 + 0.4\,(D - 1)]$ mm（D 為測量距離，單位 m），因精度中低，故只用於細測或橫斷測量。

（二）竹卷尺，我國特有，價廉，易壞易修，伸長變形小，精度中等，但不易收納，已不常用。（三）測繩，長度可達 200 公尺，可用於長距離，減少工作時間，數站併為一站，但因伸長變形極大又不易修復，故僅用於無法通視且地形地貌複雜的測區。

（四）鋼卷尺，長度可達 100 m，因金屬材質，受拉力之尺長變化小，精度高，唯因價格較高，且在市區須慎防被車輛輾壓折損。（五）錒鋼尺：可視為鋼卷尺的改良，其材質為鋼、鎳合金，除有抗拉不易變形的優點外，受溫差變形的影響僅為鋼卷尺的 $\frac{1}{8}$，線膨脹係數 $\alpha \doteqdot 0.5 \times 10^{-6}$ m/℃，精度極高，常用於基線、精密導線之量距。此種尺之尺長有 25 m 及 100 m 兩種。

問十四：試說明量距之程序。

答：約可分作三階段，（一）定直線：可由目測或經緯儀，目的為定出兩待測點間的轉折點，使之量測超過一整尺長之距離，如兩點間距離不足一整尺長則可免去此步驟。（二）張尺：此時各點間距小於一整尺，使尺平貼地面，尺零刻劃處置起點後 5 公分處喊「拉！」，前尺手拉尺，後尺手見尺之零點正對起點時喊「好！」，前尺手讀數，記錄者在旁監讀及記錄。（三）誤差改正：有尺長改正、溫差改正、拉力改正、垂曲改正、傾斜改正等。

7-37 距離測量（二）

問十五：若量距定直線時無法通視，應如何處理？

　答：可使用「逐漸推移法」如下：
　　　四人各持標竿站 A、B、$a1$
　　　及 $b1$ 點，$b1$ 使 $a1$ 與 A 同
　　　線，$a1$ 使 $b1$ 移至 $b2$ 使與 B
　　　同線，$b2$ 使 $a1$ 移至 $a2$ 使與
　　　A 同線，如此逐漸推移，最
　　　終 A、a_n、b_n 及 B 幾近直線
　　　即定出 AB 之直線。

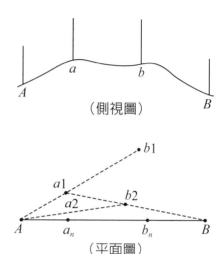

（側視圖）

（平面圖）

問十六：試說明何謂簡易量距法？

　答：在踏勘、距離估測時，若完全不在乎精度，只求效率時，可應
　　　用以下測法，統稱為簡易量距法，有二：（一）步測法，首先需
　　　知自己步幅，應用計步器，自起點走向終點，距離＝步幅 × 步
　　　數。（二）輪轉法，即使用量距輪，軸上有距離顯示框可供讀
　　　數，但若地面凹凸不平或不成直線滾動則誤差甚大。

問十七：卷尺測量所生之誤差種類及原因為何？

　答：分作三類，（一）錯誤：讀數錯誤、記錄錯誤、數錯整尺段次
　　　數、測針或轉點移位。（二）系統誤差：尺長與標準尺長不符、
　　　尺長熱脹冷縮、拉力不均、垂曲、偏斜等。（三）偶然誤差：捲
　　　尺未拉直、對點不準、最小刻劃以下讀數不準。

問十八：試說明電子測距儀測量誤差來源及消除方法。

　答：分作三類：（一）儀器誤差：稜鏡常數誤差、調變頻率誤差、

週期誤差。（二）人為誤差：定心誤差、定平誤差、瞄準誤差。（三）自然誤差：光波環境干擾誤差、氣象誤差（大氣壓力、氣溫及濕度）、幾何誤差。

7-38　水準測量（一）

問十九：試說明高程測量常用之名詞及定義。

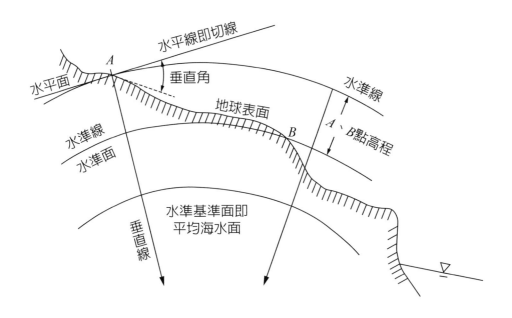

答：1. 水準面：為各點均垂直於垂直線之曲面，其形狀乃近似於地球橢圓球體之表面。在平面測量中可視為平面。

2. 水準線：在水準面上任一方向之線段。

3. 垂直線：為地面上一點引向地心之直線，即重力方向，亦稱鉛垂線。

4. 水平面：切於水準面的平面。

5. 垂直角：水平線與水準線的夾角，通常視準軸線為水平線，須經垂直角化算出水準線。

6. 水準基準面：此面上高程為零。以海水 19 年為一週期，某海水面每小時潮汐觀測的平均位置作為假想基準。

7. 高程：自水準基準面至地面上某點之垂直距離，亦稱正高或海拔。

8. 高程差：地球表面上任二點之高程相減取絕對值。亦稱比高。

問二十：水準儀有哪些主軸？請繪圖說明。

答：

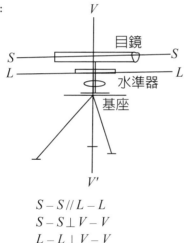

$S - S // L - L$
$S - S \perp V - V$
$L - L \perp V - V$

分作三軸有：1. 視準軸：為目鏡中心與十字絲中心的連線，或稱瞄準軸，即 $S - S$。2. 水準軸：當水準器呈水準時，切於水準管刻劃中點之切線；或稱水準管軸，即 $L - L$。3. 直立軸：目鏡依儀器構造作水準方向旋轉之軸，通常有真實材料存在，即 $V - V$。

問二十一：試比較普通水準儀和精密水準儀之差異。

答：普通水準儀構造簡單，氣泡靈敏度為 40"/2mm，目鏡放大倍率為 15x～20x，適用一般測量、工程放樣；精密水準儀氣泡靈敏度為 10"/2mm，目鏡放大倍率為 30x～40x，並有平行玻璃板測微儀，可精密調整視準軸，配合銦鋼尺讀數，適用精密水準測量。

7-39 水準測量（二）

問二十二：說明何謂「半半改正法」。

答：即水準儀中之水準器校正，目的在使水準軸與直立軸垂直，因而使用校正螺旋及腳螺旋各改正一半偏差量，故習稱之，作法為：

1. 將目鏡平行於兩腳螺旋之連線。

2. 旋轉腳螺旋使氣泡居中。

3. 將目鏡旋轉 180°，觀察氣泡較居中時偏移 n 格。此時水準軸與垂直軸不成垂直。

4. 用校正針轉動校正螺旋使氣泡向中央移動 $\dfrac{n}{2}$ 格，再旋轉腳螺旋使氣泡回到中央。

5. 返回步驟 3. 直至幾乎無偏移為止。

問二十三：試說明「定樁法」。

答：即水準儀之視準軸校正，目的在使視準軸與水準軸平行，在半半改正法後實施，作法為：

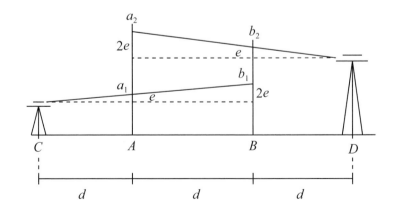

1. 在平坦地釘定木樁 A 及 B，量出 d 並定直線 $\overleftrightarrow{AB}$
2. 於直線 $\overleftrightarrow{AB}$ 上釘定 C、D 點，此時各點相距 d
3. 儀器擺 C 讀數 a_1、b_1
4. 儀器擺 D 讀數 b_2、a_2，若 $(a_1 - b_1) \neq (a_2 - b_2)$ 則需校正。
5. 此時應將視準軸自 a_2 降 $2e$，推導如下：

$$(a_2 - 2e) - (b_2 - e) = (a_1 - e) - (b_1 - 2e)$$

$$\Rightarrow a_2 - 2e = a_1 - b_1 + \cancel{e} + b_2 - \cancel{e} = a'$$

6. 故使用十字絲校正螺旋使橫絲在 A 水準尺上讀數為 a' 即可。

問二十四： 試以材料、結構方式、精密度及讀數方法說明水準尺的種類並比較差異。

答： 依材料有木質、鋁質、玻璃纖維、鎺鋼。木質易受潮膨脹、鋁質雖輕但易受溫度膨脹、玻璃纖維質輕應用最廣，鎺鋼精度最高，不易變形。

依結構方式有抽升式、折疊式、組合式、固定式。前三者均是考量使用之便攜性，但在接縫處之刻度分劃易生誤差，固定式則追求精度。

依精密度分普通水準尺（木、鋁、玻璃纖維搭配抽升式、折疊式及組合式）及精密水準尺（固定式鎺鋼尺）。

依讀數方法有自讀式：直接以目鏡觀測讀數；覘標式：在自讀式上附加漆以紅白二色之覘標，由持尺者讀數，依司儀器者指揮，將覘標上下移動，至紅白界線處與十字絲之橫絲重合，則該界線處即水準尺讀數；條碼式：需配合數值水準儀，自動由儀器分析影像讀數，通常此種水準尺在背面亦有一般數字刻劃，以防儀器異常情況。

問二十五：試說明遇有斜坡時應如何設置三腳架。

答：三腳架尖展開成正三角形插入地面，兩架腳向坡下，並使腳長略為相等，另一腳向坡上。如此易於定心定平且較不易搖晃。

7-40 水準測量（三）

問二十六：目前（民109年）臺灣地區之水準基點，以何者為零點？

答：現「臺灣水準原點」位於基隆市中正區八斗子的北部濱海公路台2線70公里處。近年受溫室效應影響，海平面高度約每年升高1～2mm左右，又受地殼變動等影響，臺灣各地之驗潮站之變動幅度不一，而基隆社寮島驗潮站的水位長期較他站穩定，故於附近設置零點。

問二十七：試說明水準測量之誤差來源。

答：有三大類誤差，說明如右：1.儀器誤差：(1)水準儀視準軸不平行水準軸，致儀器雖定平卻存有偏移量。(2)水準器氣泡不靈敏，使儀器無法精確定平。(3)水準尺長度不準確或刻劃間隔不均勻；2.人為誤差：(1)水準尺豎立不直，稍有左右或前後傾斜。(2)手腳不慎誤觸動儀器影響定心及定平。(3)地面鬆軟，三腳架或尺規下陷。(4)物像成像不清卻仍讀數。(5)讀數誤讀成其他數字或位數。(6)記錄者記載或計算錯誤；3.自然誤差：(1)正向陽光照射面，前後尺一明一暗，產生讀數誤

差。(2) 地面不規則折射光。(3) 強風影響尺規豎直。(4) 氣溫及濕度改變使尺長微變。(5) 地球曲率存有誤差，使用之曲率或橢球體不能代表地球。

問二十八：試說明水準測量之應用有哪些？

答：主要有三種應用，分述如下：1. 縱斷面水準測量，係循公路、鐵路、管道等路線工程之中心線前進，繪製縱斷面圖，以供路面坡度設計，決定施工基面高程、填土或挖土高度；2. 橫斷面水準測量、係垂直路面工程中心線的左右兩側進行的測量，通常須測至用地界線，繪製橫斷面圖可供了解工程用地範圍之地勢及地物情況，使易於擬定理想的路線高度、計算土方、設計橋邊防汛工程及購地範圍；3. 面積水準測量：飛機場、工業區或大型建築興建，均須整平廣闊之地面，繪製面狀網格高程圖可決定挖填平衡之施工基面高程或出土、入土土方量。

問二十九：試說明氣壓高程測量的基本原理及適用時機。

答：大氣壓力隨高度改變，於 0℃ 時在海平面時，約相當於 760mmHg，離海拔漸高時，因大氣中空氣密度漸減，壓力亦減弱，一般而言，高程每上升 12m，氣壓下降 1mmHg，故如知兩地之氣壓差，即可推知該兩地之高程差，進而推算絕對高程。此法雖便利，但精度差，故多用於時間急迫或測區內地形特殊無法架站，通常高程差 200m 內，離基準點 10 公里內時，精度在 ±2～5m。另外，測量時機最好在早晨或近晚，因此時刻之氣壓較為穩定，變化較小，精度較佳。

7-41　角度測量（一）

問三十：試繪圖說明經緯儀的四主軸為何及應滿足之幾何條件。

答：

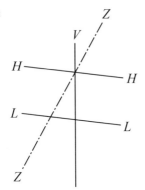

經緯儀有四主軸分別為直立軸 VV、水準軸 HH、視準軸 ZZ、水準軸 LL，其中 $VV \perp HH$、$VV \perp LL$、$ZZ \perp HH$、$HH \mathbin{/\!/} LL$

問三十一：何謂經緯儀之定心及定平，如何影響精度？

答：所謂定心及定平為經緯儀設置時之必要條件，分述如右：1. 定心，使儀器直立軸通過測點，可應用垂球或光學對點器行之，若定心不準則觀測角將存有偏心誤差；2. 定平：使儀器水平度盤盤面與水準面重合，可使用盤面水準器，以伸縮架腳及調整腳螺旋使氣泡置中行之，若定平不準，則量得之角度為傾斜角，因而影響精度。

問三十二：試說明工程測量中經緯儀之應用。

答：主要應用有定直線及測設水平角兩者，分述如右：1. 定直線：如圖示，已知存有 A、B 二點，欲放樣 C 點，又已知 C 點距 B 點 ℓ 長，位於 AB 之延長線上，此時可於點 A 設置經緯儀，照準 B 點，以望遠鏡之仰、俯角調整，視 ℓ 之

長度，指揮助手將測針立於視線之 上。2.測設水平角：如圖示已知 A、 B 兩點，欲放樣 C 點，又知 C 點距 A 點 ℓ，$\angle BAC = \alpha$，此時可在 A 點

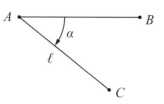

設置經緯儀，先使讀數歸零後視 B 點，鬆上盤將游標轉至 α，緊上盤之視線方向即為 AC 方向，助手循方向持皮尺量得 ℓ 即定出 C 點。

問三十三：請以表列方式說明經緯儀之儀器誤差及其消除法。

答：

種類	原因	消除法
視準軸誤差	視準軸不垂直於水準軸	正倒鏡觀測取平均值
水準軸誤差	水準軸不呈水平	同上
視準軸偏心誤差	視準軸與水準軸交點不在直立軸之中心延長線上	同上
水準軸誤差	水準軸不垂直於直立軸	半半改正法校正，確實定平
度盤偏心誤差	度盤中心與上盤之直立軸旋轉中心不重合	游標讀 A、B 取平均值
十字絲偏斜誤差	十字絲環產生偏斜	以十字絲中心對準測點正倒鏡觀測取平均值
指標差	垂直度盤指標不在固定位置	正倒鏡觀測取平均值

7-42　角度測量（二）

問三十四：試說明「子午線」、「方位角」及「方向角」。

　　答：子午線為地球表面上通過觀測點與南北極之大圓，亦稱真北線，此線不受任何因素影響，為測量的基準方向；方向角為地面上一測線與真北線所夾之銳角，其起算方向可為向正北或正南，如圖一；方位角為自子午線順時針旋轉至地面上一測線所夾角度如圖二。

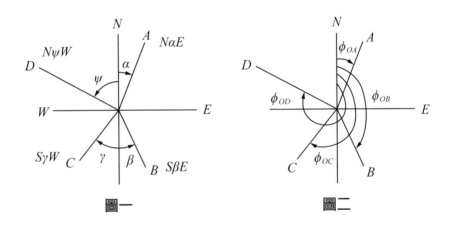

圖一　　　　　　　　　圖二

問三十五：試說明何謂視距測量及其誤差來源。

　　答：視距測量係將經緯儀設置測點一處，而於另一處設置尺規，測得該尺規上二點間之距離或角度，間接求出兩處距離及高程差的作業方法。其精度雖較直接量距為差，但因受地形限制較小，故方便省時。然而，近年電子測距儀精度提高且普遍使用，故此法也逐漸式微。視距測量之誤差來源與水準測量類似，可詳問二十七。

7-43　座標測量（一）

問三十六：試說明全站儀的構造及優點。

答：全站儀又稱全能測量儀或電子速測儀，係由電子測角、電子測距、電子補償、電腦自動運算四個部分組成。測角及測距是傳統測量功能，但後二者卻是測量自動化的革新改良。電子補償可確保測角的精度在合理範圍，隨時回饋資訊予測量人員，而自動運算可內建多樣測量功能之試算程式，如座標測量、面積測量、懸高測量等。全站儀具有精度高、速度快、節省人力、不易出錯、測量範圍大、數值輸出方便、資訊上傳雲端即時分享、多工等特性，主流機種已達到測角精度為 ±0.5 秒、測距精度可達 $\pm(0.8 + 2\times10^{-6}*D)$mm（$D$ 為測量距離，單位 m）。近年全站儀之使用者介面改良，操作方式漸趨直覺，多以簡短、明顯的英文或符號表示，並可利用藍芽與智慧型手機聯結，可單人完成操作。

問三十七：試述三維雷射掃描器之功能與應用。

答：此儀器可每秒不間斷地發射雷射訊號 3 萬次，每次訊號可得到一座標點，故可在極短時間內獲得高密度的點雲資料，可直接獲取受測地物點之三維座標，由於採用雷射光，無需自然光源，故可應用於隧道或地下箱涵、礦井等工程測量工作。

7-44 座標測量（二）

問三十八：試述「大地座標系統」爲何？

答：又稱「輿地座標系統」，係以劃分地球之經緯度來表示地面點位，分作經度、緯度說明如右：1. 經度：以地球的自轉軸爲橢球體的旋轉軸，其兩端爲南、北極，通過旋轉軸的面稱子午線，其廓線爲大圓即經線。通過英國格林威治天文臺的經線爲 0°，分別向東向西計算 λ°，例如 P 點爲東經 λ°；2. 緯度：以過橢球中心之正交旋轉軸平面稱爲「赤道面」，定爲 0°，依此向北向南量度而有北緯及南緯，例如 P 點爲北緯 ϕ。一般來說，此系統雖易於以地球整體觀點表達地理點位，但因測量儀器的垂直軸除在赤道上以外，必不能正好指向緯圈，故存有偏差，用在小區域測量上甚爲不便。

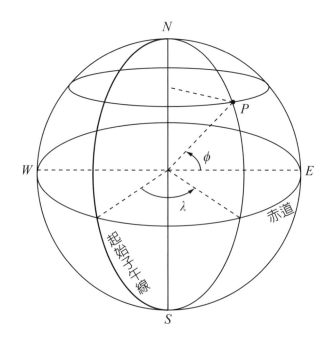

問三十九：何謂「平面直角座標系統」？

答：小區域或封閉測區有時為方便描述特定建物、物體等，會有自
訂座標原點及比例尺之需求，加之地球曲率影響甚微，故可假
設一卡氏座標系〈x y〉，此即平面直角座標系統，多使測區
範圍位於第一象限，另外此系統亦稱「地方座標系統」。

問四十：何謂 UTM 座標系統？

答：一種將凸面投影至平面所產生的座標系統，其投影方式甚多，而
測量工作所用的多為「橫麥卡托投影」。此法係先將地球視為一
圓球，假想將一平面卷成橫圓柱，將之如圖套住圓球，並使橫圓
柱之軸心通過圓球的中心，再令圓球上的一經線（通常稱中央經
線）與圓球相切，然後將地球分成若干範圍不大的帶狀區間再進
行投影，帶的寬度一般分為 6°、3° 與 2° 等，簡稱 TM6° 分帶、
TM3° 分帶、TM2° 分帶。已知中央經線投影到橫圓柱上是一直
線，令其為 y 軸，再將赤道面「投影」至圓柱上成為 x 軸，如此
兩軸成為平面直角座標系統，此種方法取得之平面，以中央經線
與赤道線之交點向四方逐漸發生誤差，而 α 取愈小（即帶寬愈

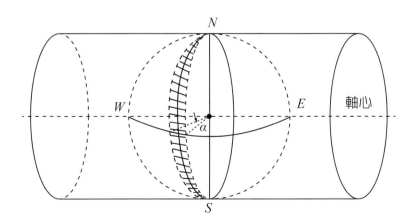

細）誤差愈小。此種 UTM 座標系統取平面座標易於想像的優點，又與大地座標的經緯度相結合，非常適合用於航空等大範圍的測量工作或圖資製作。

7-45　座標測量（三）

問四十一：何謂「地心座標系統」？

答：此系統又稱「空間三維直角座標系統」，是以地球橢球中心（通常假定即為地球質心）O 為原點，子午線與赤道面的交線為 x 軸，在赤道面上通過原點且與 x 軸垂直之線為 y 軸，地球自轉軸為 Z 軸，如此地面及任意空間的點位例如 A 點可用（x_A、y_A、z_A）表示。此種系統特別適合用於衛星大地測量及資訊系統。

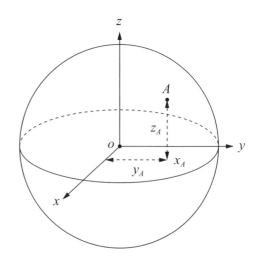

7-46　導線測量（一）

問四十二：試說明「導線」及工程應用。

答：於地面上布置若干點，測量各點間之距離及相鄰各邊所夾水平角以確定各點平面位置，具有控制精度，使成果合乎需求的測量方法。「導線及其點位」常為測繪平面圖、地形圖、地籍圖等基準；又常用於測設界址點、計畫樁及各種工程設施放樣之依據，故導線點又稱為圖根點或控制點。

問四十三：試簡述測定控制點的方法。

答：有衛星定位測量、三角測量、三邊測量及導線測量等四種，前三者皆為「面狀」，後者為「線狀」。目前仍以導線測量為主流，其原因為大多的測量習慣為集中資源取得一精度極佳之導線，再視各種需求分支出其他測量計畫，如此該導線因具有公益性，值得政府投入公帑。近年因全站儀之發展，導線測量的成本亦逐年下降。

問四十四：試說明導線之分類。

答：主要有「形狀」及「精度」兩大分類，分述如右：1. 依形狀有 (1) 閉合導線：即自一點發出作環狀推展，其最終回到原點形成一閉合多邊形者，適合用於都市地區或未來測量計畫在多邊形內者；(2) 展開導線：即起、終點為兩不同點位，但均為已知點並帶有方位角。此種導線又稱附合導線，因終點也具有角度和

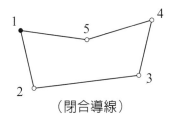

（閉合導線）

座標的閉合條件，故可控制精
度。不同於閉合導線，此種導
線可用在長距離，適用於道路
或狹長地帶地形圖測繪及中心
樁測設之控制測量；(3) 自由
展開導線：即自任一點按需要

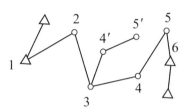

（展開導線；12345）
（自由展開導線1234'5'6'）

自由伸展者稱之，最終結束在未知點上，因無閉合條件可供平
差，故一般均限制只能向外推展一、二點爲止；(4) 導線網，
即於一閉合導線內增設其他導線。因閉合條件較多，故容易偵
測出精度較差之點，重新測量改正。此法計算工作量大，但因
現在已可電腦自動運算，故已廣爲採用於都市、地籍、大型建
築等面狀控制測量。2. 依精度，分作五個等級：(1) 一等導線：
精度最高，邊長在 10 至 20km 爲原則，使用精密全站儀，每
隔五至六個導線點加測方位角，終點閉合比應小於 $\frac{1}{100,000}$；
(2) 二等導線：邊長在 2 至 10km 爲原則，導線應附合於一等
導線，終點閉合比應小於 $\frac{1}{20,000}$；(3) 三等導線：邊長在 1 至
3km 爲原則，可使用視距測量方法，導線應附合於一、二等導
線，終點閉合比應小於 $\frac{1}{10,000}$；(4) 四等導線：邊長在 0.3 至
1.5km 爲原則，可使用普通經緯儀，導線應附合於三等導線，
終點閉合比應小合於 $\frac{1}{5,000}$；(5) 普通導線：邊長在 300m 以下
爲原則，導線附合於四等導線，終點閉合比應小於 $\frac{1}{2,000}$。上
述一、二、三等屬「精密導線」，應用於較大測區、以 10km
爲基本尺度，須顧及地球曲率，屬於大地測量，而四等及普通

導線以 100m 為基本尺度，其點位之間可
視為平面，但即便是；普通導線之測點，
亦可用作一般工程測量所用之控制點。

7-47　導線測量（二）

問四十五：試簡述導線之測距及測角精度如何配合。

　答：導線測量自某點測出次點時，多以一測距乃一測角行之（稱為
　　　光線法），故其誤差也由此二觀測值組成，如精度要求只偏重
　　　其中一種，最終推算之次點座標值的精度受較差觀測量影響而
　　　不佳，總之，在給定成果之精度要求下，測角及測距精度應互
　　　為配合如以下表：

要求精度	$\frac{1}{1,000}$	$\frac{1}{2,000}$	$\frac{1}{3,000}$	$\frac{1}{5,000}$	$\frac{1}{10,000}$	$\frac{1}{50,000}$
距離位 100m 之測距誤差	0.1	0.05	0.033	0.02	0.01	0.002
測角誤差	3'26"	1'43"	1'08"	41"	20"	5"

7-48　平面三角測量

問四十六：試述何謂「三角測量」？

答：三角測量係為測定控制點的方法之一，係應用三角學原理作大區域帶狀之控制測量。首先，於現地精密測定一基線，再由此擴展成一系列三角形，並於各頂點觀測各邊所夾之水平角，再由基線長及測角推算得各頂點之平面座標。另外，因應近年電子測距儀精度提高，故原以測量水平角為主，改以測距為主，測量各三角形邊長、換算水平角，再據以計算各控制點座標，此法稱「三邊測量」。

問四十七：為何三角測量已逐漸式微。

答：三角測量宜用於展望良好區域，倘地形過於隱蔽或通視困難，則應採用導線測量。另三角測量多使用正弦或餘弦函數推算座標，其函數變化差異，為數學本身限制，即不同三角網圖有不同精度，因此選點受圖形限制，不如導線靈活。另外，現衛星定位測量日漸盛行，精度提高，故三角測量人力成本相對太高，程式不分內、外業均冗長繁雜，只能逐漸式微。

問四十八：依我國法規，三角測量之標準誤差為何？

答：

等級\類別	一等	二等 甲	二等 乙
三角測量	$\dfrac{1}{1,000,000}$	$\dfrac{1}{900,000}$	$\dfrac{1}{800,000}$
三邊測量	$\dfrac{1}{1,000,000}$	$\dfrac{1}{750,000}$	$\dfrac{1}{450,000}$

7-49　衛星定位測量（一）

問四十九：試簡述 GPS（Global Position System）之定位原理和對傳統測量工作之影響。

　　答：「全球定位系統衛星之定位測量」（簡稱 GPS 測量）係利用 GPS 接收儀架設在可對空通視的地點，透過接收 GPS 訊號，以計算儀器架設點位的測量方法。其數學原理為利用電波傳送速率與時間算出某瞬間儀器與至少三顆衛星的直線距離，運用三維三邊交會法解算出所在位置的地心座標，同時間聯結之衛星數量愈多，其座標精度愈高。相對於傳統測量工作及技術而言，GPS 測量有以下優點：1. 測站間無須通視、2. 定位精度高、3. 觀測時間短、4. 提供三維座標、5. 操作簡便，不易因人員技術及經驗不足發生錯誤、6. 可全天候作業，不需日光、7. 經濟效益高，可用較短預算完成任務。然而，儘管 GPS 測量有如此多的優勢，但因衛星之所有權均為他國，故難免間接受制他國，其相關應用成果所生經濟利益都須被抽傭金，甚且，他國可任意關閉衛星或攫取資料，此為其缺點。

問五十：試述 GPS 硬體的基本架構。

　　答：由三大部分組成，分述如右：1. 衛星：由 24 顆衛星組成，分布於 6 個軌道面上，軌道與赤道面的傾角為 55°，軌道面之間相差 40°，如此配置可使全球不分時間地點均能觀測到四顆以上之衛星；2. 控制儀器：包括一個主控制站、三個地面天線及五個監測站，每站配有一部雙頻接收儀、標準原子鐘、氣象感測器及資料處理器，全天候連續追蹤 24 顆衛星，將訊號解算為距離後傳

送至主控制站，主站即進行各種改正及平差，隨後將成果傳至各地面天線，由天線回傳至各衛星，衛星更正內部資料後再視使用者請求分送；3. 使用者裝置：並無特定外觀，多為某機器裝置的一部分，例如車輛內建導航系統，智慧型手機內建 GPS 接收功能，但原則上可分成硬體和軟體二者，前者係指接收儀、天線和電源等，後者則又分前端和後端，後端用以進行位置資訊與使用者需求之相關資料間的運算，前端則為直覺化介面，即操作面板。

問五十一：試述 GPS 定位測量方法及應用。

答：主要有兩種，分別為：1. 單點定位，係以獨立觀測站接收訊號，速度快而精度差，多用於船隻和飛機，因其位置隨時間改變，故符合需求；2. 相對定位，以雙測站以上同時接收訊號聯解求得基線向量，精度較高，為 GPS 衛星測量所用方法。

7-50　衛星定位測量（二）

問五十二：試述 GPS 衛星觀測之選點準則。

答：雖然僅須對空通視即可觀測，但如有精度需求仍應依以下準則選點：1. 仰角 15° 以上無對空障礙物；2. 遠離電磁波源如廣播電臺、電視轉播臺、電波發送車、雷達站、高壓電、微波站等；3. 近距離內無電磁波反射體如金屬板、鐵絲綱、平面狀稜

鏡、大面積太陽能板；4.點位如不止單點，應均勻分布。

問五十三：試述 GPS 測量誤差來源及修正。

答：可分作三類，如右：1.衛星儀器誤差：有 (1) 星曆誤差，(2) 時鐘誤差；2.觀測站誤差：有 (1) 時鐘誤差、(2) 定心誤差、(3) 天線高度誤差、(4) 基站自身座標誤差；3.自然誤差：有 (1) 電離層延生誤差、(2) 對流層延遲誤差、(3) 多路徑效應誤差。綜合以上，改正系統誤差有 1.星曆誤差，2.電離層改正，3.對流層改正，4.衛星及接收儀改正，5.天線相位中心及高度改正。

問五十四：試述 GPS 在測量的應用例。

答：具體實例案例歸納如右：1.國家級衛星控制網：自民 82 年起辦理，為 TWD97 之國家座標系統之依據；2.三等點控制測量：自民 84 年～88 年，依據原先一、二及三等三角點成果，更新並加密三等三角點，平地間隔縮至 2km 以內，山地則為 8km 以內；3.推動快速靜態測法：即 GPS 專有之測法，以已知點作為主站，新加密控制點則以移動站之方式進行觀測，如此全面檢測現有控制點，聯測 TWD97 與 TWD67 之座標框架，其成果直接提升兩座標系統座標間參數轉換之精度；4.推動即時動態測量應用技術：即所謂 RTK 技術，其原理是在某基點上設置接收儀，此點稱基準站。基準站接收 GPS 訊號後傳至使用者手持裝置，得基線向量，再化算座標。此技術之精度可由基準站各種儀器互相配合顯著提升，又兼有移動站可自由移動、用於運動物體的優點，故在極大的程度解決了 GPS 觀測

須對空通視的困擾，在地物密集、陰蔽地區亦可運用，但應有全站儀輔助施測為佳。此法操作簡便、施測快速、可達公分等級精度，在一般工程的測設及放樣上，已逐漸成為主流；5. e-GPS 即時動態定位系統：主辦機關為內政部國土測繪中心，此系統主要目的是使 GPS 服務更深入一般民眾，滿足多元需求，提供多目標定位服務和加值型應用，並結合網路高速的資料傳輸技術。此計畫將臺灣劃分為 10 個服務區，在服務區內均勻布設固定基準站，應用 RTK 技術，根據使用者需求，選定一組最佳固定站資料，因固定站多不只參考一站，故就相當於產生了一個對於使用者最有利的虛擬固定站，其精度及解算

效率幾已可合乎目前各種民用需求。此計畫已於民 98 年完峻並正式收費營運。除以上應用外，尚有其他可與傳統測量競爭的應用如航空攝影控制測量、交通網路圖繪製、地球動力研究與變形監測、空中重力與磁力測量定位、海圖測繪與海底管道架設測量等。

7-51　圖解法測量

問五十五：試述「圖解法測量」為何？

答：早期測量之成果不以數值表示，而是逕以圖面顯示，即測量人員兼繪圖工作，於實地測取點位後旋即標記於圖紙上，如此省去大量內業時間。圖解法測量主要儀器為平板儀及皮卷尺，而平板儀又分作照準儀及平板，在平板覆予白紙，上置照準儀，照準目標後，沿照準儀所附之直尺繪以直線，此即測線方向，

接著再以卷尺量距，依一定比例尺在圖上該線量取長度，在儀器中心點任意決定在圖紙上時，即可標定出測點位置。此法儀器構造過於簡單，精度極有限，且受圖紙收縮、量圖誤差及繪圖描繪影響，其偶然誤差甚多且相互影響，再以，成果以圖紙保存，自身又受溫溼變化影響，難以再汲取資訊作其他後續利用，故現除少數民間極簡易測繪平面圖外，已幾乎消失於業界。

7-52 地形測量（一）

問五十六：試述「地形測量」之目的及方法。

答：地形測量屬應用控制點成果以上之一種應用，在控制點布設完整範圍內，將地表上之地貌及地物依相似比例及記號表示於圖上之作業稱作「地形測量」。其中，地貌指地表面高低起伏之形態，如山脈、平原、溪谷及海岸等；地物則是各種天然或人工之物體，如巨岩、神木、房屋、道路、圍籬等。如僅表示地物位置者稱為平面圖，若再加以地貌者，則稱地形圖。地形測量的方法分為地面測量與航空攝影測量兩類，一般僅以測區範圍及經濟效益作考慮，大區域使用航測，反之則使用地測。

問五十七：試簡述地形圖之應用。

答：應用至為廣泛，且依不同需求有不同比例尺，如都市規劃、交通設施布線、電線管路敷設、農林資源開發、礦山開採、土地利用等，至於其他如土木、水利、營造、建築施工所需之圖

資，亦以地形圖是賴，又更甚者有地質探勘、行政疆界劃分、國防戰略布置軍隊、後勤、災害應變動員、地理、歷史考古或科學研究，均有地形圖可用之處。

問五十八：試說明比例尺標記法及應用。

答：標記法有三種，分述如右：1. 分數或比例如 $\frac{1}{1,000}$ 或 1：1,000，即紙上 1cm 等於現地 1,000cm；2. 文字說明如：「1 吋比 100 呎」、「6 吋比 1 哩」等；3. 圖解表示或圖畫比例尺如下：

，通常圖畫比例尺仍會與分數或文字說明一同出現。

各種比例尺地形圖之應用如下表：

比例尺（由大至小）	用途
1：200 以上	工程設施平面圖
1：500	市區管線圖
1：1,000～1：3,000	都市計畫圖
1：5,000～1：20,000	林相或森林基本圖
1：25,000 以下	全國性地形圖，軍事基本戰術圖

7-53 地形測量（二）

問五十九：試說明地形測量的作業程序。

　　答：作業程序五步驟如右：(1) 籌畫與踏勘：應由同時了解業主需求及實地測量經驗豐富的人員領隊，此為測量首要工作，任何決策均影響經費及進度甚距。踏勘時應先查明施測範圍及基本地形地貌，依所需之精度、比例尺，擬訂引入控制點及分支控制點的布設方式，進而決定測量方法，編定測量計畫，準備各種儀器材料；(2) 設置控制點：釘以木樁或道釘，加以噴漆為明顯標誌，如該點需保存 10 年以上，應改埋以鋼樁、石樁或 RC 樁。設置點位依計畫辦理，唯若實地情勢如已與計畫不同可臨時改變位置，但應注意點與點間距離不可過遠，以圖上每隔 5～10cm 有一點為原則；(3) 控制測量：分為平面和高程兩者，應同時進行，前者為測定控制點間相互水平位置，方法可有 GPS 測量、三角測量、三邊測量等，其中三角測量又有前方、側方或後方交會法等，應視現地情勢靈活使用；後者為測定控制點之絕對高程，通常會引入測區最近之一、二或三等三角點，以直接水準測量行之，但山嶺丘陵地區可用其他方法如氣壓水準測量、視距高程測量、GPS 測量等法實施；(4) 細部測量：以控制點為依據，應用全站儀、衛星接收儀或平板儀，測量測區內必要之地物地貌，此步驟雖不要求高精度，但與業主需求息息相關，如現地同時存有農舍或巨石，若為「農舍之農用證明申請」則應可不必細測巨石，但若為「土石流發生時覆蓋範圍分析」則必須測繪巨石；(5) 製圖整飾：如採用數值法，應將平面、高程各點資料輸入至電腦，利用繪圖軟體、編

碼、編輯、製作等高線、註記整飾，彙整成地形資料庫，製成
不同類型或比例尺之地形圖。如測區不止一個，則測區間之圖
資拼接應注意兩圖之性質、精度等應保持一致且接縫線應完全
重合。

問六十：試述等高線之定義及種類

答：將地形圖上相同高程之點
連線即為等高線，唯點
位不一定為現地實測，
多為就已測出點位內插
出之虛擬點位，故等高
線僅為參考，不能真正
表示實地高程變化。

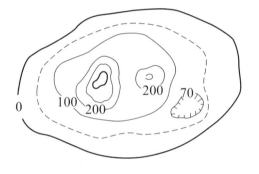

等高線分成四種，如右：

(1) 首曲線：亦稱主曲
線，首曲線之間的高程差即為等高距；(2) 計曲線：為增加識圖
可讀性，通常於基準面起，每逢五倍數之首曲線，改繪以加粗之
計曲線，計曲線多會註記高程；(3) 間曲線：於地勢平緩但仍有
判別坡度及方向之必要時，可於首曲線之間加繪一等高距一半之
間曲線；(4) 助曲線：功能同間曲線，內插於間曲線中間。

7-54　地形測量（三）

問六十一：試述等高線在圖學上之性質。

答：分為數學性質和物理性質兩類，分述如下：1. 數學性質：(1) 同一等高線上之各點，其高程均相等；(2) 等高線必然閉合而成一封閉曲線，若不在圖幅內閉合，則必在外閉合；(3) 線與線之間最短距離愈大則坡度愈緩，反之愈陡；(4) 若兩線相互平行，則表示為一等坡度之斜平面；(5) 一等高線不可能分作二線以上；(6) 二條等高線不可能相交或並成一條。2. 物理性質：(1) 等高線極為密集幾近相切時可看作懸崖；(2) 等高線內無其他等高線，則至高處位於線內，即山頂或臺地，如為有名號的山應另標定海拔高；(3) 如有較低閉合之等高線，則為一窪地；(4) 等高線不能直接橫過河谷，必然以「U」字形向河谷發展；(5) 山脊線與山谷線可由等高線得出，如圖所示，其中山谷線與山脊線近似正交。

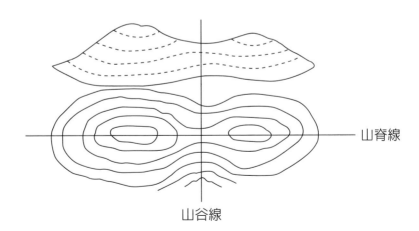

問六十二： 等高距與比例尺之關係通常為何？又應如何決定？

答： 等高距過大則不足以表示地貌形態，過小又過於密集不易標註地物，故應有一適當間隔，現圖資多為電腦輔助繪圖，故「間距」已成為一可調式參數，不需在繪圖前決定，但依經驗法則，由下表關係設定等高距最為清楚。然而，等高距在同張圖上非一成不變，亦有配合現地使高山與平地分別使用不同等高距，如高山應縮小等高距，便於表現出逼真之地貌，而平地地物多而擁擠，應放寬等高距以使地物一目了然。

表　等高距與比例尺之建議關係

比例尺	等高距（m）	比例尺	等高距（m）
1：200	0.2	1：6,000	2
1：500	0.5	1：10,000	5
1：1,000	1	1：20,000	10
1：2,500	1 或 2	1：25,000	10
1：3,000	1 或 2	1：50,000	20
1：5,000	2	1：100,000	50

7-55 地籍測量

問六十三：何謂「地籍測量」？與一般工程測量性質有何不同？

　　答：地籍測量以確定土地之個別權屬爲要旨，所產製的地籍圖是地政機關依法管理地籍的客觀依據。是故，地籍測量應屬科學與法學的綜合應用，此即與工程測量性質不同處。一般工程測量以顯示現地之現況，而地籍測量則以確定正確權利界址爲重點。另外，地籍圖既然有法律效力，故必然有具公權力的職章印列其上，此人除須有測量相關知識外，尤應熟諳土地法令規章，必要時會捨現地界線，以相關權利人指認爲界，反之，無權利相關爭議之地物則可略而不測。總之，地籍測量如進行得宜，可預先消弭產權紛爭，減少司法資源的浪費。

問六十四：何謂依法進行之「建物測量」？

　　答：依我國土地登記規則第 78 條：「申請建物所有權第一次登記前，應先向登記機關申請建物第一次測量。」又同法第 78-1 條：「前條之建物標示圖，應由開業之建築師、測量技師……辦理繪製及簽證。」在已完成總登記之土地上，若建有建物，爲保障權屬，應由建物所有人及管理人向政府申請測量，此即「建物測量」。

7-56　路線測量（一）

問六十五：何謂「路線測量」？目的爲何？

答：凡狹長形土木工程結構體之興築前的測量均統稱之，例如：鐵路、公路、運河、上下水道、灌漑溝渠、油、氣、水、電信、輸電等工程均屬之。其目的有三：首先，測製涵蓋一切可能路線的地形圖，俾使業主得以進行路線選定之決策；其二、在路線決定後，再增測路線之縱、橫斷面圖，使設計單位據以製作預算書圖估算經費；其三、工程發包後，於實地放樣釘定施工必要之假設樁，並於施工中提供正確之位置、長寬高尺寸等。

問六十六：試述路線工程所用之曲線種類和應用時機。

答：

```
                                    ┌ 單曲線：適用於一般轉彎，泛用性高。
                        ┌ 圓曲線 ──┼ 複曲線：適用於地形參差，連續急彎。
                        │          └ 反向曲線：適用於S形過彎。
                        │
              ┌ 平曲線 ─┤          ┌ 克羅梭曲線：公路
              │         │ 緩和曲線 ┼ 三次螺旋線：公路、鐵路
              │         ├─        ┼ 三次拋物線：鐵路
              │         │          └ 雙葉曲線：公路
   曲線 ──────┤         │
              │         └ 拋物線：鄉村道路、產業道路
              │
              │         ┌ 拋物線：測算簡單，用於一般鐵公路
              └ 豎曲線 ─┼ 螺旋曲線
                        └ 圓曲線
```

問六十七：試述複曲線之定義及組成元素。

答：複曲線爲二個或以上不同半徑之同向單曲線所連續結合而成之曲線，如下圖有 *AP* 及 *PB* 兩個單曲線，組成元素分述如下：

A：起點（$B.C.$）、P：複曲線（$C.C.$）、B：終點（$E.C.$）

R_1、R_2：曲線半徑；θ_1、θ_2：曲線圓心角；

L_1、L_2：曲線長；T_1、T_2：切線長；V：轉折點；V_1、V_2：切點

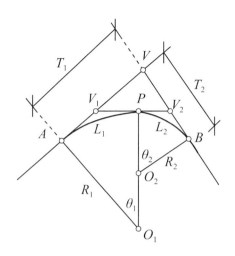

7-57 路線測量（二）

問六十八：試述反向曲線之定義及組成元素。

答：反向曲線為兩由半徑不同
或相同但方向相反之單曲
線所組成，如右圖，P 點
稱為反曲點，餘元素說明
同複曲線。一般駕駛人經
反曲點時均容易失控，故
除次要道路外，在主要公
路甚少採用。

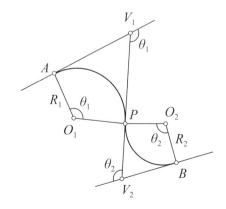

問六十九：試述何謂緩和曲線？其目的爲何？

答：緩和曲線又稱順接曲線，設置在直線與曲線，或兩不同曲線之

單曲線間，爲一逐漸彎曲之線。公路常用克羅梭曲線，而鐵路採用三次拋物線。緩和曲線之設置應視曲度、超高及行車速率等因素訂之，雖占道路總長度極少比例，但若設計不當，將使車輛易翻覆致生事故。

7-58 施工測量

問七十：何謂施工測量？與一般測量有何不同？

答：將設計圖上待建之結構體之位置、形狀、大小與高低在實地上標定出來，以作施工依據的測量稱之，亦俗稱放樣。其與一般測量之差異分述如右：1.測量時埋設的樁位可視需要移動，但放樣不行；2.測量是先外業後內業，而放樣是先內業後外業，隨著最後一點位放樣完成，工作便告結束；3.大多數測量儀器亦可用於放樣，但因施工多有某些尺寸爲習慣，如30cm，故有時會直接準備固定長度，角度的物體代替測量儀器；4.放樣通常精度要求較低，因施工自身的誤差就相當大，故多會有規定一容許誤差，若測出點位不符標準，則以多測回取平均位置即可；5.一般測量可

在外業結束後，再仔細檢核成果，但放樣時測量人員有時肩負施工人員進度催趕，需現場立即計算、改正。

7-59 地理資訊系統

問七十一：試述何謂「地理資訊系統」？目的爲何？

答：又稱 G.I.S.，藉由電腦結合「空間資訊」及「屬性資訊」，建立一完整資料庫，透過共通編碼、欄位、格式、輔以網路和管理，以使用者角度可在最短時間找出最多有用資訊的系統。此系統最難之處在如何定義「屬性資訊」，通常 G.I.S. 會先想定使用者族群，例如「土石流查詢系統」和「高速公路車流查詢系統」，再針對該系統擬定屬性，如前者有「危害等級」、後者有「阻塞程度」等，然而，兩不同族群亦可能被整建成同一系統，故如何在最少搜尋時間與提供的可用資訊完整性上取得平衡，是 G.I.S. 的一大研究方向。

問七十二：簡述「航空攝影測量」及應用。

答：亦簡稱「航測」，使用搭載對地攝影機的飛機略過地面，將動態影片截成多枚照片轉成點位資料拼接製成平面圖者。航測與地測的基本分別在於其對象不是實物而是照片，故必然在物理意義上有所疏失，但因施測方法不受地貌地物限制，故在大範圍測區之效率奇高，又輔以色彩，非常適合用作 G.I.S. 之底圖。

問七十三：試說明「遙感探測」及應用。

答：亦簡稱「遙測」，爲一種不需接觸物體，被動地接收自物體發出或反射太陽光能，遠距離進行空間資訊的測量技術。其所獲得之成果爲光譜影像，由網格式數值資料組成，每一個像元

存在一數值表示亮度。遙測所用之儀器搭載體爲衛星，故全天候全時段連續成像，精度可達 $\frac{1}{2,500}$，對 G.I.S. 而言，形若底圖動態即時化，可供使用者接收第一手即時資訊，作出即刻決策和行動。近年來，隨著科技發展與使用者需求提升，我國於 2004 年發射福爾摩沙二號衛星，並於中央大學設置衛星遙測接收站，幾乎每月能將臺灣本島拍攝一組近無雲之影像，該影響作爲施政計畫有極高公眾利益價值，例如衛星監控國土變異點，可迅速發現盜採砂石或違規開發案件、又或天災過後河川改道，地層變動等大尺度地形圖資可用以擬訂巨額工程的上位計畫。

國家圖書館出版品預行編目資料

土木普考一本通／黃偉恩著. ――初版.――
臺北市：五南圖書出版股份有限公司，
2022.03
面；　公分
ISBN 978-626-317-625-6（平裝）

1.CST：土木工程

441　　　　　　　　　111001709

5G49

土木普考一本通

作　　者 ― 黃偉恩（304.6）

發 行 人 ― 楊榮川

總 經 理 ― 楊士清

總 編 輯 ― 楊秀麗

副總編輯 ― 王正華

責任編輯 ― 金明芬

封面設計 ― 王麗娟

出 版 者 ― 五南圖書出版股份有限公司

地　　址：106台北市大安區和平東路二段339號4樓

電　　話：(02)2705-5066　　傳　　真：(02)2706-6100

網　　址：https://www.wunan.com.tw

電子郵件：wunan@wunan.com.tw

劃撥帳號：01068953

戶　　名：五南圖書出版股份有限公司

法律顧問　林勝安律師事務所　林勝安律師

出版日期　2022年3月初版一刷

定　　價　新臺幣350元

經典永恆・名著常在

五十週年的獻禮——經典名著文庫

五南，五十年了，半個世紀，人生旅程的一大半，走過來了。
思索著，邁向百年的未來歷程，能為知識界、文化學術界作些什麼？
在速食文化的生態下，有什麼值得讓人雋永品味的？

歷代經典・當今名著，經過時間的洗禮，千錘百鍊，流傳至今，光芒耀人；
不僅使我們能領悟前人的智慧，同時也增深加廣我們思考的深度與視野。
我們決心投入巨資，有計畫的系統梳選，成立「經典名著文庫」，
希望收入古今中外思想性的、充滿睿智與獨見的經典、名著。
這是一項理想性的、永續性的巨大出版工程。
不在意讀者的眾寡，只考慮它的學術價值，力求完整展現先哲思想的軌跡；
為知識界開啟一片智慧之窗，營造一座百花綻放的世界文明公園，
任君遨遊、取菁吸蜜、嘉惠學子！